修心三不

不生气 不计较 不抱怨

冯涛◎编著

金盾出版社

内容提要

本书围绕不生气、不计较、不抱怨，系统地讲解如何修心持身。我们为什么要讲修心？修心是不与自己斗，更不与人斗，通过调节情绪，来达到自然平和的状态。修心不止修的是内心的心态，更是修养自我、重新认识自我、面对自我的一个过程，最终助你迈向成功。

图书在版编目（CIP）数据

修心三不：不生气、不计较、不抱怨/冯涛编著．—北京：金盾出版社，2019.6

ISBN 978－7－5186－1453－0

Ⅰ.①修… Ⅱ.①马… Ⅲ.①情绪－自我控制－通俗读物 Ⅳ.①B842.6－49

中国版本图书馆 CIP 数据核字（2019）第 106309 号

金盾出版社出版、总发行

北京太平路 5 号（地铁万寿路站往南）

邮政编码：100036　电话：66886184

传真：68276683　网址：www.jdcbs.cn

印刷装订：三河市宏顺兴印刷有限公司

各地新华书店经销

开本：880×1230　1/32　印张：6　字数：110 千字

2019 年 7 月第 1 版第 1 次印刷

印数：1～5000 册　定价：36.00 元

前 言

人生在世，都想获得他人的认可、尊重，打从心底里都想证明自己的价值，追求更好的自己和更高的生活质量。有时，我们会郁闷地发现，同样的条件和水平，机会却落在了别家；相近的办事能力，领导却更青睐别人。长此以往，我们必将落后别人一大截，更不要说成功了。这种情况不仅让人心生焦虑，而最让人苦闷的是不知道原因。

其实，每个人的言行举止看在大家眼里，也就有了不同的结论。你是个积极乐观、宽容真诚的人，还是斤斤计较、处处抱怨的人？你在点滴间流露出来的情绪，已经决定了你的起点和高度。

机会对每个人都是公平的。可以说，在反复比较自己和别人差距的时候，在纠结于利害得失的时候，你的心态决定了你的高度。

我们为什么要讲修心？修心是不与自己斗，更不与人斗，通过调节情绪，来达到自然平和的状态。修心也是一种修身养性，在种种负面情绪涌上心头时紧急叫停，将怒火熄灭，不让其喷发伤人。愤怒伤人伤己，爱发怒的人让人感觉捉摸不定、脾气暴躁。

愤怒会冲垮一个人的理智，让他思考和判断处于感情用事的状态；愤怒还会损伤身体，你发泄出来的怒火，同样也在反噬自己的神经和器官；最严重的是，愤怒还会破坏你的人际关系，让你苦心经营的人脉毁于一旦，让关心你的家人和朋友伤心。

科学研究发现，情绪是可以“传染”的。不论正面情绪还是负面情绪，都能由一个人传给另一个人。这就是我们为什么总说要传播“正能量”，因为这种积极健康的心态可以带动周围人的心情都变得阳光、快乐。而负面情绪则可以让心情一般的人也染上焦虑、抑郁、嫉妒、怨恨等情绪，导致一个人心态失衡。

修心不止修的是内心的心态，更是修养自我、重新认识自我、面对自我的一个过程。本书将围绕不生气、不计较、不抱怨，系统地讲解如何修心持身，助你迈向成功。

目 录

上 篇

不生气

第一章　把控情绪，做自己情绪的主人

破解属于自己的情绪密码

我们可以思考一个问题，为什么我们的头脑里会有情绪呢？这其实和进化有关。

达尔文提出，人类在繁衍生息中要争取最大的进化优势。经过漫长的进化，趋利避害的心理和行为已经深深地烙印在人的基因里。反映在情绪上，当人们占据生存优势时，容易产生积极的、正面的情绪。比如，获得充足的食物、住进舒适的房子、结识亲密的伴侣，这些都让我们产生心理满足感。反之，当人们处于生存劣势的境地时，则容易产生消极的、负面的情绪。比如，遭遇失恋、失业、破产等不幸的状况，就会让人感受到不同程度的痛苦。

既然情绪是进化的产物，那么就像人的肤色、身高存在差异一样，人们情绪的进化程度也不同。

歌词里唱到：“每个人有他的脾气。”我们可以发现，有的人“一点就着”，有的人则是“老好人”。这也就意味着，每个人都有自己情绪的雷区。如果你越雷池半步，就容易触发别人的愤怒；而在这个区域以外，你就能和别人和睦相处。

有些人身上的雷区很多，每个都标明了“闲人免进”，这类人情感丰富，又细腻敏感，所以容易情绪化。有些人的情感就比较迟钝，身上的雷区可能相对比较少。即使听到各种大喜大悲的消息，他的情绪依然不会有太大的波动。

情绪的产生，除了跟外界的刺激有关，也跟这个人的主观意识有关。比如，同样是失恋，有的人觉得，没有了爱情就活不下去，在很长的时间里都处于一种情绪低落、萎靡不振的状态；有的人觉得，两个人合得来就在一起，合不来了就放手，很快就能走出失恋的状态，开始新的生活。

快乐是一种积极正面的情绪。当人们快乐的时候，心情是愉悦的，身体是舒适的，大脑是活跃的。表现出来的，就是人们在快乐的时候会笑。但需要注意的是，笑有真有假。人们在真笑的时候，眼睛周围的肌肉会收缩，眼睛会眯起来；但假笑的人，肌肉就不会相互配合运动，笑起来给人一种很不自然的感觉，也就是我们常说的皮笑肉不笑。

那么，在我们产生快乐情绪的时候，大脑在干什么呢？这时，我们的大脑里会分泌多巴胺。多巴胺是一种神经传导物质，它能把开心、兴奋的感觉传递出去，从而刺激人体内的“奖赏系统”，这个奖赏系统就是人体内的“快乐中枢”，我们也就能产生幸福快乐的感觉。

情绪传递的过程是有科学实验依据的。科学家把电极植入老鼠的“奖赏回路”中，然后电击它的“快乐中枢”。就这样，老鼠大脑内的“奖赏系统”不断受到刺激，老鼠变得兴奋不已。它甚至还形成了条件反射，主动去按压按钮，来寻求这种快感。

人体内的“奖赏系统”是和前额叶皮层紧密相连的。前额叶皮层是什么呢？脑前额叶位于大脑的前端，大概是我们脑门的位置，人的很多灵感、创意、抽象思维都是从这里产生的。那么，在我们感觉到快乐的时候，这个区域也就被激发了，我们就能够更有创造力，学习工作效率都会更高。

人又为什么会发脾气呢？从生物机制来说，发脾气是自我防御和攻击侵占的原动力。更多的时候，发怒是生物的一种应激性直接反应。比如，我们看到有的小动物，在危险来临时，它会瞪大眼睛，把毛发张得很大。虽然在人类眼里，这种行为显得很可爱，但是在同类动物眼里，这就表示它进入自我防御状态了，最好不要去惹它。这种自我防御在人身上的表现形式之一就是发怒。

发脾气还和攻击、侵占有关系。动物都会有一种领地意识，这不仅表现在它们要守住自己的领地，有时它们还会做出侵占领地的行为。人也是动物，只不过高级一点，那么同样也拥有领地意识。只是在我们人类社会，领地意识披上了文明的外衣，不再是抢地盘那么简单。其实，我们的自尊和他人对我们的评价就是来源于领地意识，别人对你的认可程度代表了你在群体里获得的领地。直观点来说，就是存在感。为了保持自尊，人们会发怒；而为了获得认同，人们就要侵占别人的注意力和思考力。

我们并不否认发脾气这件事情，但是我们要认识到它是有害的。在《情绪革命》一书中，辛德莱尔提出“基础情绪”的说法：“我们每个人在同一时间都有两种情绪：一个是外在的情绪，这种情绪是任何人都能看得出来的；还有一个是内在的情绪，除非能洞悉自己的内心世界，要不然没人能看出你的这层情绪，我们把这层情绪称之为基础情绪。”

举例说明何为“基础情绪”。比如，你前期做了一件错事，你感到十分自责。你最希望的是别人能够大度，不再计较这件事情。你甚至还希望能够做一些事情，来弥补一些过错。这之后，你一直处于一种恐惧——焦虑——自责的复杂的基础情绪中。

想要真正了解不同的情绪，除了了解情绪的理论知识，还有特别重要的一点，就是认真去体察、分析和总结自己的感觉，才能真正破解属于自己的情绪密码。

成为一个充满正能量的人

现代社会快速发展，每个人都会受到来自各方面的压力。人们在都市生活中被压得透不过气，有时就会羡慕起公众人物的洒脱。看着在镜头前永远光鲜靓丽的明星和艺人，感觉那样的生活真是充满了阳光。然而，我们偶尔也能看到公众人物人设崩塌。有的在节目录制过程中，一言不合，摔话筒走人。有的在众目睽睽之下推搡记者或粉丝。在那一刻，我们看到的是情绪失控的人，他们同样充满焦虑、愤怒和迷茫。可见，世界上并没有什么完美的人。

我们如果不能直面自己的情绪，不对负面情绪加以控制，不仅会对他人造成伤害，长此以往，还会给自己带来严重影响。在了解失控的情绪之前，我们先来简单了解一下心理。每个人都有两种心理，一种是理性心理，另一种是情绪心理。

白领小 A 平时很内向、腼腆，在公司里表现也不是很突出。同事们对她的印象都很好，认为她是一个温柔平和的人。突然有一天，领导找到其他的同事谈话，其中问到了小 A 的情况。一开始大家不明就里，后来才慢慢理清楚头绪。

原来，小 A 经常深夜发朋友圈，内容非常负面。她不是抱怨工作好烦，就是吐槽身边某个人的缺点。这些充斥着失望、愤怒、不爽情绪的内容，小 A 并不会把它们留到白天。一般都是在发布半个小时以内删除。等到天亮了一上班，大家见到的又是一个亲切温柔的小 A。领导听个别同事反映这个问题，于是留意起小 A 工作的情况。这才发现，她的情商其实很低，工作处理得并不是很好。

通过这个例子，我们可以归纳出来，理性心理就是人们表面上展现出来的心理。在一个具体的情境下，理性心理能带给我们清醒的意识。我们会依据理性去思索和判断，做出得体的反应。除此之外，还有另一种毫无逻辑可言的认知系统，就是情绪心理。

我们都知道朋友圈是公开的社交平台，上面不光有我们的亲朋好友，还会有同事、领导、客户。像小 A 这样把自己的负面情绪毫无保留地展现出来，就是非常情绪化的事情。这不仅是她自己在发泄情绪，还影响到了别人。作为一个成熟的人，不能正视自己的情绪，而想用这种方式来宣泄，难道是期待别人来安慰她吗？遗憾的是，这个社会上谁都不欠谁，别人没有义务做你的情绪垃圾桶。

在职场上，像小 A 这样疲于应付工作的大有人在。他们的工作方法欠佳，觉得同事对自己不够理解和尊重，又觉得不受领导的重视和认可，每天在堆积如山的工作里挣扎，真称得上压力山大。说出来你可能不相信，这种负面情绪不仅是在人们潜意识里产生的，还可能“相互传染”。一旦有了滋生负面情绪的温床，它们就会不受控制，发芽疯长，不但会死死纠缠住你，还会传染蔓延给周围的人。

有的人本身心态就不好，却根本也没有想过要控制自己的负面情绪，而是任由它到处传染别人，达到自己内心的快乐。这样宣泄负面情绪显然是不对的，你这样传播负能量，不仅弄糟了别人的心情，还容易在生活中传给孩子，让这种不健康的心态一代代向下传递渗透。

随着这样的人越来越多，还会逐渐形成一个个小团体。在他们内部，充斥着抱怨和不满，任何用理智去思考和说话的人都会被指责，并且踢出圈子。他们对外也不再顾及面子，在攻击和他们意见不同的人时，会越来越肆无忌惮，其实也是把负面情绪继续向外传递。

有的人能力不足，遇到自己处理不了的问题时，心理压力变大，就要通过发泄情绪来转移内心的压力。这就产生了两股力量，一个向内释放，一个向外释放，产生的结果也不同。

向内释放，是在心理压力的基础上，再给自己的内心加压，就放大了压力。这就相当于在人们饱受折磨的脆弱神经上再压上一块石头，很容易压垮最后的理智。比如，有的名校大学生平时没什么存在感，都是在埋头读书，却突然在一些小事上和别人大吵起来，很可能就是压力积累导致的。相对理智的人可能会选择休息，让自己冷静一下，而过于情绪化的人甚至会跳楼自杀，用极端的方式解决压力。

向外释放，是向别人施压。这类人的心理是：既然我难受，你们也别想好过。他们不肯控制自己的情绪，还一味认为自己是对的。为了给自己的愤怒、抱怨找借口，他们就要证明别人是错的。这样做，是在进一步扩大负面情绪，感染别人。

负面情绪是一滴浓墨，能迅速染黑我们心灵的湖泊。要想控制负面情绪，不让情绪失控，我们需要正确认识自己的情绪，不要做激烈的抵抗。最好的方法是梳理，理清情绪问题的根源，把负面情绪转化为积极正面的情绪。最后做到和自己的情绪握手言和，和谐共处，真正成为一个充满正能量的人。

做自己情绪的主人

我们每个人都生活在情绪的海洋中。情绪这东西十分微妙，难以言传。它看不见、摸不着，但是对我们的影响往往超乎想象。

情绪是指人们对客观事物所持态度的内心体验，在面对一些烦琐的事情时，人都容易产生焦躁不安或者悲观、焦虑、沮丧、愤怒……这些都是情绪的种种表现。

成吉思汗是非常了不起的历史人物，曾经建立了横跨欧亚大陆的帝国。他能够有这样大的成就，与他善于平息怒火有关，而他之所以善于平息怒火，则与他的一段传奇经历有关。

有一次，成吉思汗带着一大队人出去打猎。他们一大早便出发了，可是到了中午仍没有收获，只好意兴阑珊地返回帐篷。成吉思汗心有不甘，便又带着皮袋、弓箭以及心爱的飞鹰，独自一个人走回山上。

烈日当空之下，他沿着羊肠小径向山上走去，一直走了好长时间，口渴的感觉越来越重，但他却找不到任何水源。

良久，他来到了一个山谷，见有溪水从上面一滴一滴地流下来。成吉思汗非常高兴，就从皮袋里取出一只金属杯子，耐着性子用杯子去接一滴一滴流下来的水。

当水接到七八分满时，他高兴地把杯子拿到嘴边，想把水喝下去。这时，一股疾风突然把杯子从他手里打了下来。

将到口边的水被弄洒了，成吉思汗不禁又急又怒。他抬头看见自己的爱鹰在头顶上盘旋，才知道是它捣的鬼。尽管他非常生气，却又无可奈何，只好拿起杯子重新接水喝。

当水再次接到七八分满时，又有一股旋风把水杯再次弄翻了。

原来，又是他的飞鹰干的好事！成吉思汗怒到极点，顿生报复心："好！你这只老鹰既然不知好歹，专给我找麻烦，那我就好好整治一下你这个家伙！"

于是，成吉思汗一声不响地拾起水杯，再从头等着一滴滴的水。当水又接到七八分满时，他悄悄取出尖刀，拿在手中，然后把杯子慢慢地移近嘴边。老鹰再次向他飞来，成吉思汗迅速拔出尖刀，把鹰杀死了。

不过，由于他的注意力过分集中在杀死老鹰上面，却疏忽了手中的杯子，结果杯子掉进了山谷里。于是，成吉思汗无法再接水喝了。不过，他马上想到，既然有水从山上滴下来，那么上面也许就有蓄水的地方，而且很可能是湖泊或山泉。于是，他忍住口渴的煎熬，拼尽气力向上爬。几经辛苦后，他终于攀上了山顶，发现那里果然有一个蓄水的池塘。

成吉思汗兴奋极了，立即弯下身子想要喝个饱。忽然，他看见池边有一条大毒蛇的尸体，这时才恍然大悟："原来飞鹰救了我一命，正因它刚才屡屡打翻我的杯子，我才没有喝下被毒蛇污染的水。"

成吉思汗明白自己做错了，他带着自责的心情，忍着口渴返回了帐篷。他对自己说："从今以后，我绝不在生气的时候做决定！"这一决心，使成吉思汗避免了很多错事，给他的雄图霸业带来了莫大的帮助。

能否控制自己的情绪是一个人心理素质的体现。有效地管理和调控自己的情绪，就能够改变自己的处境，面对不如意的现实。

人的感情是很复杂的，且不容易控制。很多时候，人们常常由于感性的冲动做出一些不理智的事情，结果后悔莫及。但是，一个真正有理智的人，无论在处理什么事情的时候都不会感情用事，让感情控制住自己。相反，他会用理性支配自己的行为。因此，我们要提高自己的理智，用理性来控制感性，把握感情的流向。

爱丽丝是一个脾气异常暴躁、情绪波动极大的女孩，经常因为小事和别人吵架，她的人际关系因此而愈来愈紧张。结果，男友也难以忍受她的坏脾气，和他分手了。终于有一天，她觉得自己已经处于崩溃的边缘。

她打电话向她的一个朋友普鲁特求救。普鲁特向她保证："爱丽丝，我知道现在对你来说是有点糟。可是，只要你经过适当的指引，一切就会好转。你现在要做的第一件事是让自己安静下来，好好地享受一下安静的生活。"

听了普鲁特的话，爱丽丝决定开始停止忙碌的生活，好好地放松一下自己，给自己休一个长假。当她已经稳定了之后，普鲁特又建议道："在你发脾气之前，不妨想想，究竟是哪一点触动了你？"

"自己可以拥有两种思考：一种是让每一件事情都在脑海里剧烈地翻搅；另一种则是顺其自然，让思想自己去决定。"说着，普鲁特拿出了两个透明的刻度瓶，然后分别装了一半刻度的清水，随后又拿出了两个塑料袋。爱丽丝打开来，发现里面分别是白色和蓝色的玻璃球。普鲁特说："当你生气的时候，就把一颗蓝色的玻璃球放到左边的刻度瓶里；当你克制住自己的时候，就把一颗白色的玻璃球放到右边的刻度瓶里。最关键的是，现在，你该学会独立控制自己的情绪。如果你不试着控制自己的情绪，你会继续把你的生活搞得一团糟。”

此后的一段时间内，爱丽丝一直按照普鲁特的建议去做。后来，在普鲁特的一次造访中，两个人将瓶中的玻璃球都捞了出来。他们同时发现，那个放蓝色玻璃球的瓶中水变成蓝色了。原来，这些蓝色玻璃球是普鲁特把水性蓝色涂料染到白色玻璃球上做成的。这些玻璃球放到水中后，蓝色染料溶解到水中，水就呈现出蓝色。普鲁特借机对爱丽丝说：“你看，原来的清水投入‘坏脾气’后，也被污染了。你的言语举止是会感染别人的，就像玻璃球一样。当心情不好的时候，要控制自己。否则，坏脾气一旦投射到别人身上的时候，就会对别人造成伤害，再也不能回复到以前。一定要控制好自己的言行。”

爱丽丝后来发现，当按照普鲁特的建议去做时，人真的不会那么暴躁了，事情也容易理出头绪。在此之前，她的心里早已容不下任何新的想法和三思而后行的念头，已经形成了一种忧虑的习性，这些让她恐惧、慌乱而情绪化。当普鲁特再次造访的时候，两人又惊又喜地发现，那个放白色玻璃球的刻度瓶竟然溢出水来——看来，爱丽丝对自己的克制成效不小。慢慢地，爱丽丝已经学会把自己当成一个思想的旁观者，来看清自己的意念。一旦有了不好的想法就会很快发现，想法失控的时候及时制止。这样持续了一年，她逐渐能够信任自己并且静观其变，生活也步入常轨，并重新得到了一个优秀男士的爱，美好在她的生活中渐渐展现。

在生活中，每当你发脾气或在愤怒的情绪中时，你应该分析所有使你愤怒的原因，然后避免使自己暴露于那些痛苦之下，采取一些积极有效的措施来控制自己的情绪。

在拿破仑·希尔事业生涯的初期，他就曾受到个人情绪的困扰。有一次，拿破仑·希尔和办公室大楼的管理员发生了一场误会。这场误会导致他们两人之间相互憎恨，甚至演变成了激烈的敌对状态。这位管理人员为了显示他对拿破仑·希尔一个人在办公室工作的不满，就把大楼的电灯全部关掉。这种情形已连续发生了几次。一天，拿破仑·希尔在办公室准备一篇预备在第二天晚上发表的演讲稿，当他刚刚在书桌前坐好时，电灯熄灭了。

拿破仑·希尔立刻跳起来，奔向大楼地下室，找到了那位管理员并破口大骂，直到他再也找不出更多的骂人的词句了，只好放慢了速度。这时候，管理员直起身体，转过头来，脸上露出开朗的微笑，并以柔和的声调说道："你今天早上有点儿激动，不是吗？"管理员的话似一把锐利的剑，一下子刺进拿破仑·希尔的身体。拿破仑·希尔的良心受到了谴责。待他控制了愤怒的情绪后，他平静了下来。他知道，他不仅被打败了，而且更糟糕的是，他是主动的，又是错误的一方，这一切只会更增加他的羞辱感。于是，拿破仑·希尔满脸歉意地说："对不起！我为我的行为道歉——如果你愿意接受的话。"管理员脸上露出微笑，他说："你用不着向我道歉。除了这四堵墙壁以及你和我之外，并没有人听见你刚才说的话。我不会把它传出去的，我知道你也不会说出去的。因此，我们不如就把此事忘了吧！"

拿破仑·希尔向他走过去，抓住他的手，使劲握了握。拿破仑·希尔不仅是用手和他握手，更是用心和他握手。在走回办公室的途中，拿破仑·希尔感到心情十分愉快，因为他终于鼓起勇气，化解了自己做错的事。

之后，拿破仑·希尔下定决心，以后绝不再失去自制。因为当一个人不能控制自己的情绪时，另一个人——不管是一名目不识丁的管理员还是有教养的绅士——都能轻易地将自己打败。

生活中，扰人心情的事情时有发生，并成为影响我们情绪的罪魁祸首。我们要看清自己的弱点，不要受到情绪的影响，用意志来控制自己，从容应付突发事件。

学会控制自己的情绪，对于每个人而言都是相当重要的。它是我们成功的前提，更是我们身心健康的保证。做自己情绪的主人，不仅让你重新获得主导权，而且会使你发现，掌控自己的情绪以后，所有的难题都能够轻松驾驭了！

给头脑降温，熄灭心头怒火

生活中，每个人都免不了动怒。愤怒是一种正常的情绪，通常它还是健康的。但是，当它失控并且变得具有破坏性时，它能导致你在工作、人际交往甚至一切生活中出现问题。而且，它还会让你感觉到你正被一种无法预见的强大的情绪所控制。

愤怒情绪像一匹野马，一旦转化为行为，就会严重伤害自己和他人。在生活中，我们常常看到，有些人因为一些不足挂齿的小事而发怒，做出不该做的事。比如，引起恶性斗殴，甚至导致人命案子的发生，最后锒铛入狱，事后常常后悔不已。

愤怒常常使人丧失理智，让人做出不计后果的言行，最终使自己深受其害。因此，在日常生活中，当你被激怒时，千万不要轻易发火。谁若轻易地做了怒气的俘虏，谁的生活就会倾斜，谁就可能成为愚蠢与后悔的人。

下面是消除愤怒情绪的一些具体方法：

（1）请可信赖的人帮助你，让他们每当看见你动怒的时候，便提醒你。你接到信号之后，可以想想看你在干什么，然后努力推迟动怒。

（2）不要总是对别人抱有期望。只要没有这种期望，愤怒就不复存在了。

（3）当你愤怒时，首先冷静地思考，提醒自己，不能因为过去一直消极地看待事物，现在也必须如此，自我意识是至关重要的。

（4）主动控制，主要是用自己的道德修养、意志修养缓解和降低愤怒的情绪。有人在要发泄怒气时，心中默念“不要发火，息怒、息怒”，会收到一定效果。

（5）当你想用愤怒情绪教训人时，可以假装动怒，提高嗓门或板起面孔。但千万不要真的动怒，不要以愤怒所带来的生理与心理痛苦来折磨自己。

（6）当你要动怒时，花几秒钟冷静地描述一下你的感觉和对方的感觉，以此来消气。最初 10 秒钟是至关重要的，假如你能够熬过这 10 秒钟，愤怒便会逐渐消失。

（7）当你发怒的时候，要时刻提醒自己，人人都有权根据自己的选择来行事。如果一味禁止别人这样做，只会加深你的愤怒。你要学会允许别人选择其言行，就像你坚持自己的言行一样。

（8）改变自己的心态。愤怒通常是虚荣心强、心胸狭窄、感情脆弱、盛气凌人所致。对此，可以用疏导的方法将烦恼与怒气导引到高层次，升华到积极的追求上，以此激励起发奋的行动，达到转化的目的。

总而言之，在日常工作中，一个人必须提高自己控制愤怒情绪的能力，时刻提醒自己，有意识地控制自己情绪的波动。千万不要动不动就指责别人，喜怒无常。要改掉这些坏毛病，努力使自己成为一个容易接受别人和被人接受、性格随和的人。只有这样，你才能深悟“淡定”二字的含义。

嫉妒是人生的一记暗伤

很久以前，有一个地方遇到了百年不遇的大旱灾，湖水干涸，地面也干得裂开了口子。

在这个地方的湖中住着一只鳖。湖水干涸以后，它为了生存，便想找一个有水源的地方生活。可是，它爬的速度太慢了，只怕自己爬不了多远就会连饿带渴地死去。

有一天，从远方飞来了一群天鹅。它们围绕着以前有湖水的地方飞来飞去，寻找原来栖息过的湖泊。鳖见了，便叹了口气说：“别找了，湖水早就干了。”

天鹅们非常失望，只好商量再飞到别的地方，去找有水的地方。

鳖听了天鹅的话，心想：“天鹅飞得快，一定很快就能找到水。不如求它们帮忙，把我也带走。”于是，鳖就去求领头的天鹅。

天鹅答应带鳖一起走。于是，它们轮流用嘴衔着鳖向远方飞去。

天鹅飞了好远的路。一天，它们经过一座城市的上空。那里的人看到天上飞过一群洁白美丽的天鹅，都抬头仰望，赞叹道：“多漂亮的天鹅啊！今生能看到如此圣洁的动物，真是幸福！”这个时候，也有人发现了天鹅嘴里衔着的大鳖。看到了丑陋的鳖，人们放声大笑："哈哈！这只丑陋的鳖怎么会和天鹅在一起？它原本在地上成长，现在也跑到天上去了，难道丑鳖也想变成天鹅？别做梦了，真是不自量力啊！"

大鳖看到人们夸赞天鹅而嘲笑自己，终于忍不住了。它破着嗓子大骂："你们这群天鹅，到底比我好看多少？不过是有两只翅膀可以在天上飞罢了！有什么了不起的。臭美！"天鹅一开始还忍耐着，后来看到丑鳖因为嫉妒心起，骂得越来越难听，终于难以忍受。本来用嘴衔着它就够累了，被它一骂，天鹅相互使了一个眼色，把嘴巴张开。还在哇哇大骂的大鳖突然感到身体直线坠落，还没有发觉是怎么回事，已经掉到地上摔死了。

可怜又可悲的大鳖就这样断送了自己的性命，究其根本原因就是由于嫉妒造成的。自然界的动物尚且如此，更何况人呢？如果一个人在生活中产生了嫉妒情绪，那么他就从此生活在阴暗的角落里，不能在阳光下光明磊落地说和做，而是面对别人的成功或优势咬牙切齿，恨得心痛。一个人有了这种不健康的情感，就等于给自己的心灵播下了失败的种子。

生活中，爱嫉妒的人常常会诋毁别人的成绩，还会怨恨自己的无能，心中充满唯恐被别人超越的苦恼，身心备受双重煎熬。嫉妒心强的人还会惹是生非，拆人家的台，给人家处处出难题，使绊子，同时也会使人变得消沉，或是充满仇恨。如果一个人心中变得消沉或充满仇恨，那么他距离成功也就越来越远。

战国时，张仪和陈轸都投奔到秦惠王门下，受到重用。可不久，张仪便产生了嫉妒心，因为他觉得陈轸有才干，比自己强很多，担心时间一长，秦惠王会冷落自己，偏喜陈轸。于是，他就找机会在秦惠王面前说陈轸的坏话，进谗言。

一天，张仪对秦惠王说："大王时常让陈轸来往于秦国和楚国之间，可现在楚国对秦国的态度并不比从前友好，反而对陈轸却特别好。可见，陈轸在全心全意为自己谋利，并不是诚心诚意为我们秦国做事。人们还常说陈轸把秦国的机密泄露给楚国。作为您的臣子，怎么可以这么做呢？我不愿意同这样的人一起共事。况且最近我又听说他打算离开秦国到楚国去。要是这样，大王倒不如杀掉他。"

听了张仪这番挑拨，秦惠王自然很恼怒，马上传令陈轸进见。一照面，秦惠王就对陈轸说："听说你想离开我，准备上哪儿去呢？告诉我，我好为你准备车辆呀！"

陈轸一听，摸不着头脑，只是两眼直盯着秦惠王。很快，他便明白过来，这里面一定有原因。于是，他镇定地回答："我准备到楚国去。"

秦惠王心想果然如此，对张仪的话更加相信了。他缓缓地说："那张仪的话并不是虚构的了。"

陈轸心里完全清楚了。原来是张仪在捣鬼！他没有马上正面回答秦王的话，而是定了定神，不慌不忙地解释说："这事不仅张仪知道，连过路的人都知道。从前，殷高宗的儿子孝已非常孝敬自己的继母，故而天下人都希望孝已能做自己的儿子；吴国的大夫伍子胥对吴王忠心耿耿，以至天下的君王都希望伍子胥做自己的臣子。所以说，奴仆和小妾被出卖时，如果左右邻居争着买，这就说明他们是忠实的奴仆、贤良的小妾，因为邻居非常了解他们才争相去买；有一个女子，如果同乡的小伙子争着要娶她为妻，这就说明她是个好女子，因为同乡的人比较了解她。反过来，如果我忠于大王您，楚王又怎么会要我做他的臣子呢？我忠心一片，却被怀疑，我不去楚国又到哪儿呢？”

秦惠王听了，觉得有理，点头称是，不仅不再怀疑陈轸，而且更加重用他，给了他更丰厚的待遇。相反，对张仪则冷淡了许多。

这是一个很明显的教训，嫉妒者无不以害人开始，以害已而告终。

人生在世，一定要有一颗平静和善的心，切不可心怀嫉妒。俗话说：“已欲立而立人，已欲达而达人。”别人有所成就，我们不要心存嫉妒，而要平静地看待别人所取得的成功，这是拥有幸福人生的秘诀。

嫉妒是万恶的根源，是美德的窃贼。一个人越是嫉妒别人，就越容易消磨自己的斗志和锐气，越会陷入无止境的叹息，使自己的人生之舟搁浅在嫉贤妒能的荒滩上。

不要让恐惧深入自己的心中

恐惧是人们的一种基本情绪。每个人在社会生活的方方面面都可能会有恐惧感的产生。特别是当遇到陌生的环境或不利的环境时，恐惧感会更加强烈。

有这样一个小故事：

一个军阀每次处决死刑犯时，都会给犯人两种选择：第一是一枪毙命，第二是选择从监狱左墙的一个黑洞进去，命运未知。

所有犯人都宁可选择一枪毙命，也不愿进入那个不知里面有什么东西的黑洞。

一天，酒酣耳热之后，军阀显得很开心。

旁人很大胆地问他："大帅，您可不可以告诉我们，从这黑洞走进去究竟会有什么结果？"

"没什么呀！其实，走进黑洞的人只要经过一两天的摸索便可以顺利地逃生了，人们只是不敢面对不可知的未来罢了。"军阀回答。

其实，很多时候，我们害怕的不是别的，是自己内心凭空生出的恐惧。我们战胜的也不是别的，正是自己。

马丁·加德纳是美国著名的心理学家，同时也是一名出色的医生。他竭力反对把实情告诉癌症患者。他认为，在美国死于癌症的病人中，80%的病人是被吓死的，其余才是真正病死的。

他曾做过一个实验：让一名死囚蒙上眼睛躺在床上，告之将被执行死刑，然后用木片在他的手腕上划一下，接着把预先准备好的一个龙头打开，让它向床下的一个容器滴水，伴随着由快到慢的滴水节奏，结果那个死囚昏了过去。1988年，他把实验结果公布出来时，遭到了司法当局的起诉。但他用事实告诉世人：恐惧能从精神上摧垮一个人。

恐惧起源于我们自身，发自我们内心，是我们自己吓怕了自己。事实上，也确实如此。任何事情本身并不恐惧，往往是我们对它们了解不够，或者根本没有了解。从博弈的角度上讲，无形中高估、放大了对手的能力，贬低了自身的能力。因此，失去自信心，不相信自己能战胜对手所造成的。

一位心理学家带他的学生去做一个心理试验。他把学生们带到了一个没有开灯的黑屋子里，屋子里只能看见一座窄窄的桥。心理学家问："谁敢从这座桥上走过去？"不服气的学生们一个接一个踏上那座窄桥，并顺利地走了过去。

心理学家打开了一盏幽幽的小灯。灯光昏暗，但是学生们看清楚了桥下是漆黑的水潭。谁也不知道那水有多深，而且在幽幽的灯光下，水潭显得更加诡异莫测。心理学家再次问：“现在，谁敢从这座桥上走过去？”学生们有些犹豫，但是大部分人还是走上那座桥，依旧小心翼翼走了过去。

心理学家再次打亮一盏灯，这盏灯的灯光较先前的那盏亮多了。学生们看到水潭里的景象，心头不禁打个冷战。只见水潭里有数不清的蛇游来游去，有一条眼镜蛇还吐着长长的信子昂头冲着那座桥。学生们无不倒吸一口冷气，心里在庆幸自己幸好没有掉下去。心理学家再次问：“这下，谁还敢走过那座桥？”几乎没有学生敢再踏上那座桥了。

这时，只见心理学家踏上了那座桥，稳稳地走到了对面，学生们都惊呆了。心理学家没有说话，只是再次打开一盏更亮的灯让学生们细看，原来桥和水潭之间密布着一张细细的铁丝网，学生们面面相觑。

心理学家这时开口了：“同学们，这就是我们心灵的力量。我们不知道，恐惧正是来自我们的内心。在灯亮之前，我们所有人都能够小心地走过那座桥。那时候，黑暗对我们来说，不值得恐惧。反而让我们变得小心，而不至于出错。但是，当灯被一盏盏打开，我们被自己内心的恐惧限制住了，反而不敢迈步走向那座桥。其实，我们任何一个人都可以走过那座桥。那座桥就是我们内心的力量。只要我们不被自己内心的恐惧所震慑，我们都有能力轻松地过桥。”

其实，很多时候恐惧都是我们自己强加给自己的。当不祥的预感、忧虑的思想在你心中发作时，你不应当纵容它们逐渐扩大，你应该拿出勇气与它们相对抗。只要有勇气与信心，从心态上战胜恐惧，你就可以步步向前，迈向光明。

艾文·班·库柏是美国最受尊敬的法官之一，但他小时候曾是个懦弱的孩子。

库柏住在密苏里一个贫民窟里。他父亲是个移民，依靠做裁缝的微薄收入维持生计，常常难得一饱。为了家里能够取暖，库柏经常提着装煤的篮子到附近的铁轨上去捡煤炭。他觉得这样做很难为情，总是偷偷地从后街走，免得上学的小孩子看到他。

可他们偏偏经常看到他。其中有一些孩子总爱躲在他从铁轨回家的路旁打他一顿，把他的煤炭撒得到处都是，让他泪眼汪汪地回家。因此，他几乎生活在一种无穷的恐惧和自卑的环境中。

后来，情况有了转机。库柏看了一本《罗伯·柯维德的奋斗》的书，从中得到了莫大的启发。书里讲述了一个跟他一样大的少年的冒险故事。这个少年也面临着许多不幸，却凭着勇气和道德的力量一一克服。库柏希望自己也有这种勇气和毅力。

当他读完这本书几个月以后，他又走到铁轨那里，远远地看到三个人影冲到一幢建筑物的后面。他第一个念头便是拔腿就跑，但又想到书中主角的勇气，于是不但不转身，反而紧紧抓着装煤的篮子笔直地往前走，仿佛他是书中的英雄似的。

这是一场硬仗，三个人同时扑过来，他的篮子掉到地上。他挥挥手臂，准备开打。他那副坚决的模样，使那些坏小孩大吃一惊。库柏用右手一拳打在一个人的嘴唇和鼻子上，左手又打在他的腹部。出人意料的是，这小子居然停下手来，掉头就跑了。而对另外两个，库柏先推开其中一个，再把第二个打倒，然后骑在他身上，拳头像雨点似的落在他的下巴上。现在只剩下一个了，他是孩子头儿，已经跳到库柏的身上，库柏用力把他推到一边，站起身来。大约几秒钟，两个人就这么面对面站着，狠狠瞪着对方，互不相让。

后来，这个孩子头一点一点地退后，然后拔腿就跑。库柏也许出于一时气愤，又拾起一块煤炭朝他扔了过去。

这时，库柏才发现自己的鼻子挂了彩，身上也青一块、紫一块。这一仗打得真好！这是库柏一生中重要的一天，那一天他已经克服一切恐惧。

库柏并不比去年强壮多少，那些坏小孩的凶悍也没有收敛多少，不同的是他的心态已经有了改变。他已经学会克服恐惧、不怕危险，再也不受坏蛋欺负。

由此可见，恐惧不是不可战胜的，一旦有了恐惧心理，应当立刻拿出勇气来与它对抗。正如罗斯福所言：“克服恐惧最佳的对策，就是勇敢地面对它。”

每个正常的人都可以自发地控制情绪，可以改变自己对事物的认识，用理性和行动控制自己的一系列想法，克服自己的恐惧心理，形成无畏思想，激励自己采取能够战胜恐惧的积极行动。

猜疑是害人害己的祸根

所谓猜疑，就是无中生有地起疑心。它是人际关系的腐蚀剂，它可以使所有幸福的东西毁于一旦。如果在与人交往时总是猜疑别人，那么彼此的关系就难以继续维持。

思想家培根曾说过：“猜疑之心犹如蝙蝠，它总是在黄昏中起飞。这种心情是迷惑人的，又是乱人心智的。它能使你陷入迷惘、混淆敌友，从而破坏你的事业。”自古以来，不知有多少人因为猜疑疏远了朋友，中断了友谊，甚至毁掉了事业。

范增是项羽的得力谋士，许多次，刘邦的计谋都被他识破。刘邦要打败项羽，首先想到的就是除掉范增。在陈平的协助下，刘邦导演了一次反间计。当楚汉两军在荥阳相持不下时，项羽为了打败刘邦，便借议和之名，派遣使者入汉，顺便探察汉军的虚实。陈平听说楚国使者要来，正中下怀，便和刘邦布好圈套，专等楚国使者上钩。

楚国使者进入荥阳城后，陈平将他带入会馆，留他参加午宴。两人静坐片刻，一班仆役将美酒佳肴摆好。陈平问道：“范亚父（范增）可好？是否带有亚父手书？”楚国使者一愣，突然明白了是怎么回事，正色道：“我是受楚王之命，前来议和的，并非受亚父所派遣。”

陈平听了，故意装作十分惊慌的样子，立即掩饰说：“刚才说的是戏言，原来是项王使臣！”说完，起身外出。楚国使者正想用餐，不料一班仆役进来，将满案的美食全部抬出，换上了一桌粗食淡饭。楚国使者见了，不由怒气上冲，当即拍案而起，不辞而别。

回到楚营后，使者立即去见项羽，将自己的所见所闻添油加醋地告诉了项羽，并特别提醒项王，范增私通汉王，要时刻注意提防。

其实，陈平的反间计并不高明，如果稍微考虑一下，就不难找出其中的破绽。只是项羽优柔寡断，加之性格刚愎自用，自然就不会想到这些。

项羽听后，愤恨地说道：“前日，我已听到关于他的传闻。今日看来，这老匹夫果然私通刘邦。”当即就想派人将范增拿来问罪，还是左右替范增劝解，项羽这才暂时忍住，但对范增已不再信任。

范增一直对项羽忠心耿耿，他心无二用，对此事一无所知，一心协助项羽打败刘邦。他见项羽为了议和，又放松了攻城，便找到项羽，劝他加紧攻城。项羽不禁怒道：“你叫我迅速攻破荥阳，恐怕荥阳未下，我的头颅就要搬家了!”范增见项羽无端发怒，一时摸不着头脑。但他知道项羽生性多疑，不知项羽又听到了什么流言，对自己也产生了戒心。

范增想起自己对项羽忠心耿耿，一心助楚灭汉，项羽不仅不听自己的忠言，反而怀疑自己，十分伤心。他再也忍耐不住了，便向项羽说道：“现在天下事已定，望大王好自为之。臣已年老体迈，望大王赐臣骸骨，归葬故土。”说完，转身走出。项羽也不加挽留，任他自去。

项羽之所以失去了一个得力的谋士，就是吃了猜疑的亏。猜疑实在是害己又害人。对成功路上艰难跋涉的追求者来说，猜疑是一个随时可能吞没你整个宏伟事业的陷阱。

猜疑是人性的弱点之一，历来是害人害己的祸根，是卑鄙灵魂的伙伴。一个人一旦掉进猜疑的陷阱，必定处处神经过敏、事事捕风捉影，对他人失去信任，对自己也同样心生疑窦，损害正常的人际关系。

有了猜疑之心，对待朋友，看待事实，就不能从客观实际出发，进行合乎逻辑的判断、推理，而是凭借一点表面现象，主观臆断，随意夸大，进而扭曲事物，得出一个不切实际的结论，或者先入为主，先设框框，然后察言观色，甚至无中生有，把幻觉当真，把一些毫无关系的现象也当作事实材料，生拉硬拽来当作证据。

大学毕业后，李叶被一家知名外企录用。他欣喜不已，暗下决心，一定要干出一番成绩。他十分注意自己的言谈举止，唯恐稍不留意，就会影响到领导和同事对自己的看法。一次，他成功地完成了一张设计图，高兴之余，情不自禁脱口而出："真是太棒了！"邻桌的同事闻声抬头瞄了他一眼，他马上紧张起来："糟糕！同事一定觉得我太得意忘形了。"又一次，听到部门主管与人谈话中提到"新员工"三个字，并表情严肃，他的心一下缩紧了："一定是说我什么不好的事情。"上班路上，他遇到一位年长的同事，对方随口一句："年轻人，走路都是昂首挺胸啊！"他马上将头垂了下来："坏了！这分明是在批评我盛气凌人，不尊重老同事。"此后，每当见到别人脸色不好或两三个人低声交谈，他就担心是不是在针对自己，过分猜疑让他身心疲惫，感觉周围的环境越来越差，苦恼万分。

李叶之所以会苦恼，就因为患了"猜疑"这一不良心理疾病。从心理学上讲，猜疑是由不信任而产生的一种怀疑心理，十分有害。猜疑是一个可怕的心理误区，因为猜疑会破坏人与人之间最宝贵的东西——信任，引起对方的反感和抵触，这就暗藏着彼此关系破裂的危险。它像一片阴暗的沼泽地，使人越陷越深，甚至失去理智。猜疑会增加思想压力，打破心理平衡，使人陷入惴惴不安之中，天长日久可以导致心理崩溃。猜疑，不但是对对方的不尊重，也是对自己缺乏信心的表现。

猜疑是心灵闭锁者人为设置的心理屏障。只有敞开心扉，求得彼此之间的了解沟通、增加相互信任、消除隔阂、排除误会，才能获得最大限度的理解。因此，在生活和工作中，我们要减少猜疑，学会信任别人。少一分猜疑，多一分信任，成功的道路就会在你的脚下。

克服抑郁，远离不良情绪困扰

在现实生活中，我们每个人其实都体验过抑郁情绪，那是一种非常低落的情绪，甚至超越了失落和沮丧。对于许多人来说，抑郁情绪的出现只是一个暂时的表象。当面对困难迎头赶上、当失败化为成功的动力、当对痛苦之事释然以后，抑郁情绪又会像最初袭来时那样，悄然而去。而对另一些人来说，抑郁情绪得不到化解，也许会使他们愈演愈烈，最终成为抑郁症患者。

随着生活节奏的加快，抑郁已经闯入了我们的生活，因为压力过大而出现抑郁症的现象也屡见不鲜。

抑郁是一种低落、郁闷的情绪，得了抑郁症的人没有任何欲望，唯一的想法就是一切都很糟糕。抑郁的常见表现为：情绪低落，快感丧失，有持久的疲劳感，说话、思维和运动迟滞，睡眠障碍，躯体不适，性欲低下，日常工作及娱乐活动的兴趣减低，思维和注意能力下降，无价值感，焦虑，自我评价低，有无助感、厌世感、绝望感。

早在两千多年前，抑郁症就开始困扰着世人。这些抑郁症患者中有很多是历史名人，包括国家元首、艺术家、作家、神职人员和科学家，当然，还有普通人。亚伯拉罕·林肯，作为美国第 16 任总统，也未能幸免于抑郁症的折磨，并且这种心理疾病困扰了他一生。“现在，我成了世上最可怜的人。如果我个人的感受能平均分配到世界上每个家庭中，那么，这个世上将不再会有一张笑脸，我不知道自己能否好起来，我现在这样真的很无奈。对我来说，或者死去，或者好起来，别无他路。”虽然林肯能够预见自己的未来，知道自己会成为最受世人景仰的总统之一，但这丝毫不能减少他的抑郁。抑郁症是如此顽固，它甚至可以毫无阻拦地闯入人们的生活。无论这个人拥有怎样的成就、社会地位、教育水平、财富、宗教信仰或文化，任何人都有患上抑郁症的可能性。

心理学家认为，随着人们生活压力的加大和工作节奏的加快，会有更多的人感到紧张、疲劳和郁闷，加上经济拮据、失业和下岗等因素，发病率会进一步增加。由于抑郁症的发病年龄绝大多数处于工作年龄段，严重的抑郁症患者中有 15% 的会自杀而死。也就是说，抑郁症既可以影响人们的工作，又可危及病人的生命。

抑郁情绪常见而普遍，短暂的抑郁并不可怕，但抑郁情绪的持久却一定要制止，我们更不能一味地让自己沉浸于抑郁之中而不得解脱。只有用坦然的心境面对困难和挫折，只有让自己逐渐学会释然，才能还自己一个愉快的人生。

下面是一些排解抑郁的方法：

（1）向亲友倾诉。当我们感到痛苦、心情郁闷时，不妨找知心朋友或亲人，把痛苦的事情向他们说一说，倾诉的过程就是不良情绪释放的过程。亲友的理解、支持有利于不良情绪的释放。但不可完全依赖家人或者朋友，一定要让自己变坚强，多想愉快的事情，养成不积累情绪垃圾的好习惯。

（2）适当运动。当我们感到心情不好、郁闷时，可以适当进行户外运动，如散步、慢跑、打球、骑自行车等。适量的运动会产生许多对身体有益的激素，如肾上腺素，它会让你产生亢奋的感觉进而远离不良情绪，但要注意适量。过度的运动会使身体造成负担，产生负面效果。

（3）放松自己。当我们感到生活、工作压力大，情绪紧张时，可以听听旋律轻快、优美的轻音乐或歌曲来缓解紧张情绪；喜欢唱歌的人可以邀请朋友一起去唱唱歌，通过唱歌缓解压力、释放不良情绪；喜欢做瑜伽的人可以选择做瑜伽放松。

（4）注意饮食。加强营养，改善饮食结构，适当吃一些高热量、有健脑作用的食品，如肉类、蛋类、花生、豆类食物。这些食物不仅营养丰富，而且产热量高，可以增强御寒能力。富含维生素的蔬菜水果也不能缺少，要少吃零食和刺激性食物。

第二章　管理情绪，找出负面情绪的根源

成功人士办事不靠发脾气

我们确实不可能完全回避或控制发脾气这件事，因为这是一种生理机制。首先，我们肯定不能放纵负面情绪，而是应该努力对暴怒的行为进行控制。关于控制情绪，这里有几个要点值得牢记。

掌握事情逻辑，当你更清楚事情的逻辑，对流程更明白，自然会减少很多由于不确定带来的恐慌，从而更为理智豁达。如果你能知道事情发展的流程，预测到事情发展的结果，你就不会恐慌，而是可以按照制定好的计划，一步一步地完成任务、处理事情，不再为未知的情况陷入负面情绪。

找准努力目标，一个人需要有清晰的自我定位，再通过具体的目标体系来管理自我情绪，才能做好相应的自我管理和自我约束。当事情进行得不顺利时，人们往往容易发脾气。在这种情况下，发脾气是因为你本身没有把事情做好。这时发脾气极可能是怪罪别人，也可能是在跟自己闹别扭。要避免出现这样的情况，就要做好目标管理。先明确目标，再做好流程，最好把每个步骤做好，你才能够获得好的结

果，为控制情绪提供一个有力环境。

掌握方法论，俗话说：“只要思想不滑坡，办法总比困难多。”当一个人能够拥有更多的办法解决问题、化解矛盾，遇事才不会产生急躁的情绪。也就有效避免了心浮气躁，从而历练得更为沉着睿智。

当一个人更多地为他人着想，不是急于争取自己的利益时，就会看淡得失，情绪也就会变得更加平和、淡然。我们可以观察一下自己身边那些不怎么发脾气的人，你会发现他们性格温和，特别具有亲和力，这是一个人的品性中难能可贵的一点。当你真的能够设身处地为他人着想，学会站在他人的立场去思考对方的需求，换个角度看问题，你的眼光才不会仅仅局限于自己的世界。才不会急着去证明自己，也不会急于去打压别人，这样就能抑制住发脾气的冲动。

提升社交经验与沟通技巧，如果你懂得人际交往中的准则，知道如何有效地与人沟通，不仅可以办好事，还可以从中收获正能量。在别人眼中，你也就成为亲切友善、好相处的人。不懂得如何与人沟通，在沟通过程中双方都会十分痛苦，从而产生负面情绪，造成不必要的矛盾。可见，学会沟通技巧，也可以让自己活得轻松舒服。

成功人士正是具备了以上这些素质，他们能预见到事情发展的逻辑，还事先想好了应对办法，同时懂得运用情商去化解矛盾。那么，成功人士具体是如何做到不发脾气的，我们不妨来借鉴一下。

松下幸之助是日本著名企业“松下电器”的创始人。他一生纵横商场，被称为“经营之神”。或许在人们印象里，像这样的大企业家应该是个铁腕人物。事实却恰恰相反，松下幸之助为人谦和。他曾用一句话概括自己的经营哲学：“生气会影响你的判断，要谦和大度，要虚心倾听他人的意见。”

有一次，由于一位下属办事缺乏经验，弄得公司的一笔货款很难收回来。松下幸之助非常生气，并为此在大会上对这位下属毫不留情地批评了一番。

事后不久，松下幸之助的情绪恢复了平静。回想一下这件事，结果感到万分后悔。因为当初这笔货款放出去的时候，他是知道的，并且在货款发放单上签了字，而下属只是没有把好审核关而已。要说做错，他本人应该负大部分责任。而他却没有主动承认错误，还把责任全部推给了下属，实在不应该。还因为自己一时激动，言辞不当，批评下属的话也很激烈。这就严重地损害了下属的自尊心，也会让该员工感觉委屈和不公平。

想通之后，松下幸之助没有顾及自己身为老板的面子，立刻打电话给那位下属，诚恳地道歉。恰好在当天，那位下属乔迁新居。松下幸之助便登门祝贺，还亲自动手帮那位下属搬家具，忙得一头汗也顾不上擦。下属见此情景，深受感动，原谅了上司。

然而，松下幸之助的“悔过”并没有结束。一年后的同一天，他又给那位下属寄去了一张明信片，并在上面留下了一行亲笔字：让我们忘掉这可恶的一天吧，重新迎接新一天的到来。

看了松下幸之助的亲笔信，那位下属非常感动。从此以后，他加倍努力，再也没有犯过任何错误，对公司鞠躬尽瘁。

还有一次，松下幸之助聘请了一位叫后腾清一的安全生产部门主管。正是因为他勤奋敬业，松下幸之助才将他招揽至麾下。很快，他就制订出一套新的安全管理办法，并投入运用。然而不久，公司下属的一个工厂发生了火灾，使公司蒙受了巨大的经济损失。许多职员都认为是后腾清一的责任，正是他上任后推行了这套安全管理办法造成的事故，愤怒的职员们要求对后腾清一进行严肃处理。

松下幸之助知道这件事以后，也是非常生气。但是，他很快就冷静了下来。经过认真分析，松下幸之助发现这套新的管理办法虽然还存在缺陷，但总体思路、管理手段是非常先进的。只要加以完善，定会确保安全生产，为企业带来巨大效益。因此，他非但没有批评处罚后腾清一，而且还表扬了他敬业刻苦的精神，并对其进行了奖励，随后又拨出一笔专款，供后腾清一研究改进这套安全管理办法。

果然不出松下幸之助所料，得到老板奖励后的后腾清一很快走出失败的阴影，更加勤奋工作，不久便研制出一套科学完备的安全管理办法，投入生产运营后产生了良好的效益，为松下公司的发展壮大做出了巨大贡献。

松下幸之助不愧为“经营之神”，他经营企业的关键在于他会控制情绪，正确面对问题。

当一个人在生气时，他的理智和思考能力就会大大退化，变得像一个小孩子一样不成熟。人在非常生气时，其思考变得不成熟，情绪变得一发不可收拾，言语不知节制，表现失态等，简直是不忍直视。这时候说的话、做的决定往往不能解决问题。我们在盛怒之时，先不要急着说话，也不要急着做决定，以免一步走错，导致满盘皆输的局面。

我们仔细想想，很多时候我们发脾气，根本就没有必要。

首先，发脾气并不会改变任何事情。面对做错事的人、知道错了的人，不等你发脾气，他就改了；而不知道错的人，你怎么发脾气也没用。有时候，我们还会莫名其妙地朝周围的东西发脾气。电脑总是死机，好好的门就是打不开，不小心撞到了桌子角……而你拍打电脑、踢门、砸桌子有意义吗？这种乱发脾气的幼稚行为，其实反映了一个人心智不够成熟。只要有一点挫折，就会怨天尤人。

当你生气的时候，你可能并不是在对别人发脾气。真正让你感到生气的，可能另有原因，甚至是你自己。我们仔细想想，就会意识到：愤怒很少是其他人的问题，它通常只是我们自己的毛病。正所谓看别人不顺眼，是因为自己的修养不够。下次你想发脾气的时候，不妨先照照镜子，先看看镜子中的自己。相信你会发现，让你陷入愤怒的原因根本不是来自外界，而是来自你的内心。

找出负面情绪的根源

导致负面情绪的原因有很多，其中有内因也有外因。我们可以一一梳理出来。

第一大内因是缺乏情绪清晰度。这是一种“可以比主观”能力，就是能够较轻松地识别出自己当前情绪的一种主观感知能力。简单来说，就是毫不费力，你就能判断自己现在的情绪和状态。因为情绪没有固定的标准，你的快乐可能跟别人的完全不同。但没关系，只要你清楚自己是快乐的就够了。

我们可以问自己几个问题。当你笑的时候，是因为心情真的不错，还是有东西在困扰着你，但你不确定那是什么？跟你关心的人在一起，你是能轻松愉快地聊天，还是仍然有所保留，是存在某种你也不清楚的理由？如果你无法确定地回答这些问题，就说明你的“情绪清晰度”比较低。

“情绪清晰度”直接影响人调节情绪的能力。如果你能够轻松地识别情绪，那么你也会更擅长调节情绪。你能够察觉到情绪何时产生，有多强烈，然后推断出是否可以将它从消极变为积极。换句话说，如果你的“情绪清晰度”高，你就更可能在短时间内将不好的情绪转变成好心情。而“情绪清晰度”不高的人，罹患抑郁症的风险会比较高。这是因为，他们不仅对情绪的调节能力差，还会不断重复负面情绪。

一旦发现自己在反复体验负面情绪，就要及时叫停思绪，直面自己此刻的情绪，承认自己就是在生气。只要确定了你的愤怒，你就会从无用的纠结中跳脱，开始想办法减少此刻的苦恼感。然后，再去尝试那些亲测有效的办法来减少自己的愤怒，比如通过运动、唱歌、朗诵等形式，来积极地宣泄负面情绪，恢复心理平衡。

第二大内因是付出了高昂的情绪劳动。我们听说过体力劳动，但什么是情绪劳动呢？用一个简单的例子就能理解这个概念：“你每天上班都是坐着，为什么还是感到这么累？”这是因为，除了体力劳动和脑力劳动之外，你还要付出一项情绪劳动。

最初，情绪劳动专指那些对员工的面部表情有特殊要求的职业。比如，空姐要付出“热情周到”的情绪，护士要付出“细致体贴”的情绪，销售员要付出“专业耐心”的情绪，等等。但是后来，它的范围不断扩大，变成了“不管任何工作，只要涉及人际互动，员工都可能需要进行情绪劳动”。这样一来，就扩大到了职场的各个阶层之间。创意人员面对“不懂装懂、乱挑毛病”的客户，要付出“虚心接受”的情绪。下属面对“粗暴无礼”的上司，要付出“委曲求全”的情绪。

那么，情绪劳动中到底存在什么，导致我们感觉很累呢？提出这个理论的专家把情绪分解成两部分，做出了进一步解释。情绪分为情绪感受和情绪表达。情绪感受就是我们的真实心情如何，而情绪表达则是我们表现出来的情绪是什么样的。然后，两者构成了一个公式："情绪表达"和"情绪感受"的差别越大，这个人付出的"情绪劳动"的工作量也越大。

比如，老板家养了一只狗，秘书明明很讨厌宠物，老板却指派他负责每天遛狗。这时，秘书的情绪感受就非常糟糕。但是，为了保住饭碗，他却要装出喜欢动物的样子，每天挣扎着早起，假装兴致很高地去遛狗。结果可想而知，两者之间巨大的落差，就形成了他每天都要付出高昂的情绪劳动。如果哪一天老板想把狗送给秘书养，他就很容易情绪失控。

为了避免情绪失控，人就要想方设法改变两者中的一个，缩小它们之间的差距。一是改变情绪感受，其实就是自我安慰，多给自己一些积极暗示，把事情往好处想。二是改变情绪表达，与其故意装得兴奋激动，不如表现出平常的状态，不让自己太"心累"。专家的建议是，改变情绪感受更有利于扭转负面情绪。

遇到问题，看看别人是怎么处理的

观察学习是人类学习的一个主要途径，它避免了尝试错误和暗中摸索的过程，从而缩短了学习进程。所谓观察学习，就是人们通过观察他人的行为，获得示范行为的象征性表象，并引导学习者做出与之相对应的行为过程。通过直接经验而进行的直接学习只是学习的一种形式，而通过直接经验进行的任何学习，只要通过观察他人示范就能够进行。因此，对于人类来说，观察学习更为重要。

西点是美国著名的军校，在西点读过书的人都信奉一句话：每个人都是你的老师。毕业于西点的威廉·谢尔曼将军说："我们的荣誉来自谦逊，每个人身上都有优点，值得我们尊崇、学习，从而不断完善自己。"

西点的上级军官所体现出的勇气、能力、诚信、意志等品格，形成了一种独特的领导力。但更具有魅力、更重要的品格是身体力行，为众人做榜样。西点还有一句很经典的话，就是"上司即是老师"。学员们普遍认为，指挥官绝对是我们应当学习的榜样。

西点的埃里克·霍弗将军认为："没有谁可以永远领先，形势瞬息万变，唯有虚心学习的人才能够掌握未来。"

西点教师经常向学员讲一个故事：一天，西点校友、英勇无比的巴顿将军，在沙漠里与隆梅尔相遇了，第一句话并不是和他开玩笑，而是兴奋地大叫："隆梅尔，久仰了，我读过你的书！"

在寻求情绪控制的过程中，我们需要不断提高自己的情商和控制力，而一个人储存的正能量是有限的。因此，我们在感到情绪即将失控的时候，不要继续钻牛角尖，而是要向他人求助，来消除自己的负面情绪。你可以在身边找到值得学习的对象，这样才能取长补短，不断完善自己。

只要用心，每个人都能找到弥补自己弱点及不足的老师。其实，任何人都有值得我们学习的地方，关键是要肯于承认并用心找到。生活中，用心观察他人的言行举止，或许总能找到值得我们学习的地方。而对于情绪的把控，我们不妨看一看智者是怎样做的。

春秋时期，齐景公喜欢养鸟，他让臣子烛邹看管一只鸟。烛邹不小心，让这只鸟飞了。齐景公知道后暴跳如雷，要杀烛邹。

齐国国相晏子知道了，就说："好吧，把烛邹这家伙杀了给大王谢罪。在杀死他之前，我要当着大王的面数落他的罪行，让他死得瞑目。"于是，晏子命人绑了烛邹送到齐景公面前，数落烛邹的三条大罪。

晏子说道："其一，大王的鸟竟然让你放飞了；第二，你放飞了大王的鸟，惹得大王为一只鸟而杀人；第三，你死了不要紧，可是大王为一只鸟而杀人的事情传出去，其他诸侯国的人就会笑话我们，说堂堂齐国国君把一只鸟看得比人的生命更重要，这不是败坏大王的声誉吗？有此三条，烛邹该杀。"

齐景公闻言笑了，说："赶快放人，我明白了。"

晏子先是在齐景公盛怒之下，顺着他的意思先抓了人，一定程度上缓解了大王的怒气。然后，通过巧妙的语言，帮助齐景公认识到自己情绪失控可能引发的后果，从而让他消气。

无论你资历如何，都要懂得时常反省。每个人曾经的知识、技能、业绩、经历等，就如同装满水的瓶子。我们要想取得成功，就需要审视自己瓶子里的水，学会借他人的水装满自己，千万不能处于一种"一瓶子不满，半瓶子晃荡"的状态。

以人为师是一条捷径，理智的人都在向人学习，而任由情绪失控的人却听不进劝解。由于心理偏差，人容易给自己发脾气找理由。有人认为发脾气才能办成事，有人认为是对方先挑衅。但往往就因为这样的自我感觉，影响了你的情绪表达。直到有一天，发现自己被贴上了脾气坏的标签，才明白放任情绪宣泄真是害人害己。

假如你不想这样，那就打破固步自封，多向他人学习。每个人其实都有必要想想：我从他人那里学到了什么？有没有进步和提高？时常这样反省，正是发展和进步的根本动力。

当我们用一种“以人为师”的心态去学习时，就能不断地向前发展、超越。

笑脸最能打动人

“微笑可以换取黄金。”这是著名的“曼狄诺定律”，又称“微笑定律”，是由美国作家奥格·曼狄诺提出的。微笑是世界上最美的行为语言，虽然无声，但最能打动人。微笑是人际关系中最佳的“润滑剂”，无须解释，却能拉近人们之间的心理距离。

加利福尼亚大学心理学教授詹姆斯在通过一系列研究后指出，人们在微笑时，全身的肌肉处于最松弛的状态，而且心理状态也相对稳定。因此，微笑称得上是一种“最正面的情绪表达方式”。而且，微笑带来的正面情绪同样具有很强的传播性。当一个人充满笑意的目光与别人的目光相遇时，这种正面情绪会通过“无形的沟通之桥”传递给对方，两个人之间的气氛会很自然地变得和谐，相处起来也就融洽多了。

飞机起飞前，空姐正在做各项准备工作，整个人都忙碌不堪。这时，一位乘客叫住她，说：“麻烦您给我一杯水，我要吃药。”空姐很有礼貌地说：“先生，为了您的安全，请稍等片刻。等飞机进入平稳飞行后，我会立刻把水给您送过来，好吗？”

没多久，飞机正常起飞，进入了平稳飞行状态，空姐也闲了下来。突然，乘客服务铃急促地响了起来，空姐猛然意识到：“完了！

刚刚忙晕了头，忘了给那位乘客倒水了！”

她马上来到客舱，那位乘客正怒气冲冲地等着她。空姐小心翼翼地把水送到那位乘客面前，面带微笑地说：“先生，实在对不起，由于我的疏忽，延误了您吃药的时间，我感到非常抱歉。”

只见乘客抬起左手，指着手表说道：“有你这样服务的吗？我要是因为你的原因犯了病，你负得起这个责任吗？”空姐手里端着水，心里感到委屈和后悔。虽然最后乘客接过了水，但是，无论她怎么解释，这位恼怒的乘客都不肯原谅她的疏忽。

接下来，为了解开对方的心结，每次路过客舱时，空姐都会特意走到那位乘客面前，面带微笑地询问他是否需要水，或者别的什么帮助。然而，那位乘客余怒未消，摆出一副不合作的样子，并不理会空姐。

眼看马上到达终点了，那位乘客要求空姐把留言本给他。空姐忐忑不安地把留言本递给他，心想：“这次免不了要遭到投诉。”然而，打开本子却惊奇地发现，那位乘客在本子上写下的并不是投诉信。相反，是一封热情洋溢的表扬信。

信中的话令空姐感动得几乎要落泪：“在这趟旅途中，你表现出真诚的歉意，特别是你的12次微笑，深深打动了我，使我最终决定将投诉信写成表扬信！你的服务质量很高，下次如果有机会，我还将乘坐你们的航班！”

由此可见，在服务行业中，微笑不仅是一种表情和心态，更是一项技能。美国一家百货商店的人事经理曾经说过，她宁愿雇一个没上完小学但却有真诚笑容的女孩子，也不愿雇佣一个神情忧郁的哲学博士。由此可见，微笑服务在销售当中是多么重要。下面我们就来看看，销售员应该如何微笑。

首先，销售员应该做出真诚的微笑。导购人员在顾客面前流露出自然而甜美的微笑，会给人一种亲近、友善的感觉。要想使微笑自然、真诚，就应掌握好分寸，既不能做作，也不应过分，发自内心的笑容才是自然的。要避免不适当的微笑，如假笑、冷笑、怪笑、媚笑、窃笑等，以免引起顾客的猜疑和不快。如果销售员需要硬挤笑容，那还不如不笑。

其次，销售员笑起来应该轻松。每个人都会遇到不顺心的事，心情也不会天天愉快。可是，服务工作的特殊性，又决定了销售员不可能朝着顾客发脾气。所以，他们必须要学会控制自己的情绪，学会分解和淡化自己遇到的烦恼与不快。在工作中，要时刻保持一种轻松的情绪，让欢乐永远伴随自己。

重要的是，销售员要会运用宽容的微笑。在推销产品的时候，销售员难免会遇到出言不逊、胡搅蛮缠的顾客。此时，千万不可露出怒色，应用一种包容心去对待。拥有宽广的胸怀，工作中就不容易患得患失，和顾客沟通也不会纠结细节。这样的人能够保持一个好心境，微笑服务也就是一件轻而易举的事情了。

最后，别忘了会意的微笑。微笑服务是要与顾客进行感情上的沟通。在感情上把顾客当作亲人、朋友，与他们同欢喜、共忧伤，成为顾客的知心人。销售员要找到与顾客的沟通点，在恰当的时机，用微笑来表达对他们的赞许、肯定、理解和感谢。

在现实生活中，微笑还有助于消除负面情绪，获得他人的好感。比如，朋友、同事之间的争执、误解，家人、邻居之间的矛盾，恋人、兄弟之间的隔阂，等等，都可以一笑了之。可以说，微笑是联结人与人之间关系的纽带。纵使再远的时空阻隔，只要一个微笑就能拉近彼此之间的心灵距离。在人际交往中，不管遇到什么困难，不管遇到多么尴尬的事情，都不要忘记微笑。没有什么事情不能用微笑化解，只要你是发自真心。

自信的人不容易发怒

和笑一样，人都会发怒。不过，这“愤怒”的情绪到底从何而来呢？生活中，人会对行为和结果进行一定的预测。如果局面失去控制、不在自己预想的范围之内，人会感到“不安”或“恐慌”。对于“不安”或“恐慌”的防卫反应或警告反应就会以“发怒”的形式体现出来。也就是说，当事情没有按自己预想的发展时，人就会产生愤怒情绪。

此外，人还有一种叫做“自尊感情”的情绪，就是人认为自己有价值的一种感觉。这和我们平常所说的“自尊心”不是一回事。如果有人对我们说“你这个人没有价值”“作为人，你不合格”这样的话，就会伤害我们的“自尊感情”。当“自尊感情”受到伤害时，人就会愤怒，这是出于保护“自尊感情”的本能。

“自尊感情”跟“自尊心”的明显差别在哪儿呢？“自尊感情”高的人，对于别人的侮辱也可以宽容对待。而自尊心强的人，是受不了别人的冒犯的。正因为“自尊感情”高，不管别人怎么说他，也不会影响他对自己的评价，因而不会生气。“自尊感情”低的人，只要受到一点不满意的评价，马上就会发怒。“自尊感情”低的人难以树立自信，需要从别人的尊敬中间接地获得“自尊感情”。因此，一旦别人否定了他，他就无法尊敬自己、相信自己了，于是便发怒了。因此，如果平时能够多冷静地审视自己，发现自己值得尊敬的地方，提高“自尊感情”，就不会动不动因为一些琐碎小事而生气了。

周总理不仅是一位政治家，还是一位外交高手。他通过一次次机智的回答，巧妙地避开了问题中的陷阱，展现出了外交家的智慧与风度。一次，一位美国记者在采访周总理的过程中，无意中看到总理桌子上有一支美国产的派克钢笔。记者便趁机问道：“请问总理阁下，你们堂堂的中国人，为什么还要用我们美国产的钢笔呢?”周总理听后，毫不理会记者那讥讽的语气，风趣地说：“谈起这支钢笔，说来话长。这是一位朝鲜朋友的抗美战利品，作为礼物赠送给我的。我无功不受禄，就准备拒收。朝鲜朋友说，留下做个纪念吧。我觉得有意义，就留下了这支贵国的钢笔。”美国记者一听，顿时哑口无言。

每个人都会愤怒，但有些人则可以被称为“易怒”，他们生气的频率和烈度要远远超过他人，这其实是一种病态的心理。从心理学角度来说，易怒的人通常是出于五种心理动机。

自卑心理。自卑的人由于对自己没有足够的认同，因此特别在乎他人的看法。大多数自卑的人往往很敏感，而且心理特别脆弱。一些在普通人看似很正常的事情，在自卑者看来可能就是对他的侮辱或嘲讽。在他们的生活中，有很多的易怒点。因此，他们更容易被激怒。

不擅长社交。人际交往的过程其实是两个人互相交流、理解、合作的过程。善于社交的人往往掌握了很多技巧，可以比较容易地应对突发事件，化解矛盾。但是，对于那些不善社交的人来说，他们缺乏处理矛盾的技巧和能力。因此，一旦发生冲突，他们一时间想不到好的沟通方法，就会用虚张声势来威胁他人，保护自己。

缺乏安全感。如果一个人的内心时常不安，他就非常容易发怒。因为这类人心理脆弱，需要通过发怒来给自己壮胆，防止别人对他的侵害。内心没有安全感的人，外在表现也更加危险。通常来说，贫穷、缺爱都是产生不安全感的原因。这就好比受了伤的野兽更危险一样。

予取予求。如果每次你得不到的东西，通过发脾气或者闹一闹就能得到，那你会不会变得特别易怒呢？答案是肯定的。当一个人发现发怒可以获取利益时，发怒就会成为他的惯用手段之一。被娇生惯养的人脾气往往不大好，因为在家中，他们总能通过生气来获得自己想要的东西。这就是成长的过程中心理认知出现了问题，造成了三观不正，别人很难和这种人建立理性交流。

生理因素导致心理问题。心理学家根据研究指出，有些人就是天生的易怒型人格，他们的大脑构造异于常人，某些激素分泌失调，使其难以克制自己的情绪，这就是生理对心理的影响了。

人是一种心理复杂、感情丰富的生物，在知道或不知道自己存在心理缺陷的情况下，人都能启动自我保护机制，用自我辩解来为自己的情绪找借口。比如，有想要的东西却得不到时，或者做事情失败时，有的人就会发脾气。这时，他们还会找一些理由来让自己的生气变得合理化，这叫做“防卫机制”，为的是抒发自己的压力，减轻内心的不安。

还有的人对于自己喜欢的人态度冷淡，而对于自己讨厌的人却非常热情，他们采取了与意识相反的行为。其实，这是由于他们遇到对的人，产生了强烈的感情，但是压抑内心已经无法处理这种情感了，人会采取反向行为来进行自我防卫。这在其他人看起来，简直是行为颠倒乖张。

有的人习惯将责任转嫁给他人，把自己的错误、失败正当化。比如，“我之所以犯这样的错误，都是因为上司非要把这项工作交给我做”“因为前面有块石头挡路，我才被绊倒的”，等等。这种心理投射显出他们内心脆弱，经不起责备，不敢正视自己的缺点和不足。

精英意识强的人，也会给自己找借口。他们把自己的错误合理化，起到保护自己的作用。失败的时候，他们会给自己找一个最为适当的理由，让自己释然。比如，“这道题那么难，我做不出来是正常的”“因为我生病了，所以才没有完成”等。

还有的人把压抑的感情发泄到其他对象身上。比如，老师批评了自己，因此对老师心怀不满。但他不会向老师本人发泄不满，而是把不满发泄到对自己没那么强硬的人身上。比如，会对妈妈发脾气。心理学对这种幼稚的发泄行为称为“踢猫效应”，也就是说，这样的人其实非常懦弱，缺乏自信，只敢把怒火发泄到比自己弱小，或是对自己表现出善意的人身上。

学会科学地应对压力

对于个体而言，压力有必要存在吗？实际上，压力太小容易使人安于现状，不思进取，从而阻碍前进的脚步。保持适度压力有利于我们振作精神，更好地应对各种挑战，体会到生命存在的意义和人生的乐趣，使我们更富有活力，提高生命的质量。同时，通过锻炼，我们能够不断提高应对压力的能力。但是，压力超过一定限度，我们长期感觉压力山大，结果就会适得其反，不但不能适应，相反压力会对我们造成一系列的危害。

据科学研究统计，我国城市居民中近半数的人认为自己经受到了中等以上的压力。其中，近两成已发展为心理障碍，甚至是严重的精神障碍。2017 年，我国焦虑障碍 12 月患病率为 4．98%，较 2011 年之前的调查提高了一个百分点。在 2013 年，心理卫生协会的相关统计显示：我国抑郁症的发病率为 3%～5%。也就是说，已有超过 2600 万人拥有不同程度的抑郁症，学生、未就业人员和下岗人员为高发人群，其中大学生尤为突出。然而，更严峻的是，我国抑郁症人群的就诊率目前还不到 10%。

曾有心理学家针对中国 13 所大学本科生的心理压力现状流行病学调查显示，被调查大学生有中等程度心理压力的占 49．3%。其中程度较重的临界人群占被调查者的 8．4%，尤以大一新生和即将毕业的学生压力体现得最为突出。另有多项报道显示，我国大学生最近一年内的自杀意念报告率为 9.1%～18.1%，自杀计划的报告率为 2.5%～5.4%，自杀未遂的发生率为 1%～8.4%。看似平静的校园里，可谓暗流涌动。其中，自我发展与就业压力、学习压力、社交压力和生活压力是压力的主要外部来源。在压力的表现上，三分之一的被调查学生表现为强迫症状。其次是在处理人际关系上出现问题，而偏执、敌对、抑郁和焦虑等表现也不容忽视。

原国家卫生部曾于 2006 年“世界预防自杀日”披露，自杀在中国人死亡原因中居第五位。而在 15～35 岁年龄段的青壮年中，自杀为死因之首。有研究发现，绝大部分自杀者的行为都与压力事件有关，其中外部压力事件是导致个体自杀的主要原因。

压力过大产生的危害概括起来主要包括生理、情绪、认知、行为四个方面。

生理上，压力过大会导致多种身体疾病，包括高血压、冠心病、消化性溃疡、皮肤病、紧张性头痛、多汗症、脱发症、神经性呕吐、神经性厌食、糖尿病、免疫性疾病，甚至是恶性肿瘤等。对于女性而言，短期压力下容易出现痤疮、月经不调等症状，长期压力下还可引起女性的多毛及男性化发展；而男性容易出现阳痿、早泄等症状。

情绪上，长期在高强度压力下，我们经常容易情绪失控，比如莫名烦躁、焦虑不安、愤怒、恐惧、情绪低落，甚至抑郁。这些不良情绪的持续存在容易使我们出现上述生理的一系列变化和行为的异常。

认知上，压力过大容易导致人出现记忆力下降，注意力不集中，思维迟缓等。长期压力过大导致我们自我否定，认为自己不行，或者潜意识里认为自己无能，产生无助感。这必将影响人的思维和行为，对正常生活构成障碍。

行为上，长期压力过大的人容易对人冷漠，与别人发生冲突，甚至封闭自己。这些表现会导致延误压力的解决，同时衍生出人际关系的新问题。有些人容易借助其他事物麻痹自己，逐渐形成依赖，染上吸烟、嗜酒、吸毒等恶习。在情绪的控制下，也容易出现自残、自杀等冲动性行为。

由此可见，压力过大存在诸多危害。我们要尽量减少和避免不必要的高压力状态，学会科学地应对压力。接下来，我们谈谈要缓解压力，应该积极地去做哪些事，以及要避免哪些事。

首先，我们可以做到完善自我。人们通常认为兴趣爱好不就是玩儿吗？其实，它里面透露出的信息有很多。一个人喜欢看书，证明他热爱学习，善于思考；一个人喜欢旅行，说明他喜欢亲近自然，喜欢探索和冒险；一个人喜欢健身，说明他很自律，并且喜欢那种掌控自己的感觉。

有人可能会说，不要玩物丧志。这种看法就很片面了，玩物非但不能丧志，只要向正确方向引导，还能提升志气。通过兴趣爱好来完善自我是转移注意力的手段，不仅能减弱负面情绪，而且能提升自己的自信心，让你从之前失意的情绪中摆脱出来。哪怕是打游戏，都是让人精神放松并获得成就感的方式之一，只要不是过分沉迷，都有益处。

其次，我们还可以进一步寻找适合自己的休闲方式。事实证明，适合自己很关键。之前风靡一时的填色书，号称是解压神器，在网络和书店中取得了惊人的销量。但有些人感觉根本没用，完全耐不下性子给一个个小色块填色，反而越画越心烦，一页都没画完就放弃了。所以，选对休闲方式很有必要。别人点赞的不一定适合自己，要自己真心喜欢，能全身心投入进去，才能真正起到减压的作用。

接下来，我们要懂得劳逸结合，合理安排生活和工作。发条上得太紧，也会绷断；神经绷得太紧，也容易失控。如果人一直都是努力的状态，那就活得太累了。饭要一口口吃，路要一步步走，适当让自己停下来休息，尤其是让内心放松一下，达到内松外紧的状态。

我们要在该努力的时候认真地学习和工作，休息的时候就充分休息，放松自在。不要在努力的时候偷懒拖延，白白耽误了想要奋斗的决心，也不要在放松的时候内疚惭愧，又把本可以休养生息的时间用来纠结和矛盾。

最后，我们可以寻找新的刺激点，学习新的技能。新的东西会给人带来新鲜感。人从本质上讲是喜新厌旧的，新的兴趣爱好和技能，会让人更加专注，而专注于新事物，可以形成新的认知和惯性。新的刺激点会激发你之前已经丧失的动力和信心，重新扬起斗志，面对生活。

别让“路怒症”害了你

现在，“路怒症”的概念已经普及了。路怒症是在 20 世纪 90 年代，由美国心理学家提出来的。这个心理症状描述的是那些带着愤怒情绪开车的人，那些在驾驶中爆粗口、砸方向盘，或是采用威胁方式驾驶车辆的行为都可以归入其中，具体表现有违规变线、强行超车、故意放慢行驶速度、开窗骂人等。

路怒症可以说是全球通病，车辆增多的地方，路怒症也会越来越多。美国认为，国内司机中的 5% ~7% ，即 1600 万人有过路怒症的表现。而路怒症在公交、出租、长途司机中的发生率会高达 30% 。我国曾在北京、上海、广州等地做过调查，有 35% 的驾驶人承认自己曾有过路怒表现。这些表现包括骂人、情绪失控、故意挡别人的车道、不停按喇叭或闪灯、突然刹车等。这些人还有一个特点，就是开车和不开车时判若两人。他们平时彬彬有礼，不爱发火。但是，一坐进驾驶室，随时都可能情绪失控。

2018 年，上海警方接到报警。报警的人反映，有两辆轿车停在了高架桥主路的中间，附近有四个人扭打在一起。等交警赶到现场，四个人还在僵持之中。在交警的劝说下，两车的驾驶员道出了事故原因。原本红色轿车的司机正常行驶，不料遇上了银灰色轿车违规变道，两车险些发生碰撞。随后，两辆车的司机开起了“斗气车”，红色轿车追上银灰色轿车，故意阻碍对方行驶。两车最终在高架桥的路中间停下来，红色轿车司机下车与对方司机理论时，发生了争吵和推搡，然后随车的人上前扭打，上演了这场闹剧。事后，交警对双方司机进行了处罚，也做了批评教育。等冷静下来之后，当事双方也意识到由于自己的一时冲动，险些造成了严重后果。

路怒症在心理学上被归为阵发型暴怒状障碍，是在交通阻塞时的驾驶压力与挫折带来的情绪失控。有人说，路怒症源于糟糕的路况、恶劣的天气，或是其他司机的野蛮驾驶行为等。也有人说，路怒症的压力不是来自驾驶过程中遇到的问题，而是源于生活压力太大，破坏了人们的心理承受能力，致使路上的一个小问题，就能引起内心压力的大爆发。还有人说，路怒症源于司机处在驾驶情境当中，认为人坐在车里，容易和外界产生隔离感。这时，如果有人来干扰司机驾驶，他就会失去安全感，感到外界对他产生了威胁，便会激起愤怒的反应。这种隔离感还让司机对外以一种“匿名”的形式存在，觉得车外的人不知道自己的身份。这就使他不去刻意控制脾气，也容易产生攻击性驾驶行为。

其实，上面说的这些只是外因，是引发路怒症的诱因，并不是根本原因。路怒症之所以存在，是由内在的心理原因导致的。

第一个心理原因：人格障碍。人格障碍一经形成，那可以说是“相当稳定”。容易动怒的人，遇事就会表现出来，在复杂的驾驶情境下，更容易出现路怒症。那么，哪些人格障碍容易触发路怒症呢？

一是爆发型人格障碍。这样的人，由于控制能力差，容易与别人发生争吵或冲突，往往可以因为一点微不足道的小事，突然爆发出非常强烈的愤怒或暴力行为。

二是攻击型人格障碍。这样的人情绪高度不稳定，非常容易产生兴奋和冲动，为人处世鲁莽，缺乏自制自控能力，稍不顺心便大打出手，不计后果。

三是偏执型人格障碍。这样的人遇事偏激，固执己见，心胸狭隘，好嫉妒，爱记仇，习惯指责别人，认为都是别人不对，甚至认为是别人故意为之。

四是反社会型人格障碍。这样的人十分危险，冷漠无情，缺乏同理心，容易违反道德准则和法律，一言不合就能对别人拳脚相加，甚至会做出危及别人生命的事情。

第二个心理原因：性格特征。在人的心理上，够不上人格障碍的某些性格特征，也容易导致路怒症。

有的人时间观念非常强，平时也是争强好胜，喜欢竞争和刺激，经常处在紧张和压力中。他们开车时，表现得爱高速行驶和超车，一定要抢在别人前面。比如，由于其他司机驾驶技术差，影响了他本该有的速度，这就会引起这类人的不爽。如果他这时恰好有急事要赶过去，这就更让他着急上火了。

也有的人性格敏感脆弱。这样的人缺乏自信，缺乏耐受力，遇到点小挫折，要么垂头丧气，要么做出反击。当人们由能够掌控一件事突然变得不能掌控时，本能的反应就是害怕，而我们的负面情绪之间很容易相互转化："害怕"这种情绪如果短时间内自己控制不了，就很容易转变成“愤怒”，因为愤怒是可以发泄出来的。因此，当路上的其他司机按喇叭、强行并线而影响到自己，甚至在出现不安全、刮擦事故时，“路怒族”就很容易爆粗口。

还有的人性格暴躁易怒。这样的人很容易被激怒，一旦出现疑似挑衅的行为，他们就容易出现攻击性行为。比较常见的，比如说在无须开远光灯时，对面的车一直开远光灯，这样一来就影响了司机的视线。他会想，开车连这样的常识都不懂吗？这分明是在挑衅，于是怒气顿时就上来了。

第三个心理原因：心理周期。心理学家研究发现，人从出生之日起，他的体力、情绪、智力等就依据一个周期做着循环。这些指标不停地上下起伏，循环往复。这种心理周期性的变化，是由人体的生物钟决定的。研究发现，在低潮期或临界日，是驾驶员容易出事故的时候。当然，也是容易出现路怒症的时候。

第四个心理原因：情绪转移。有时候，人会把对某一对象的情绪转移到其他替代性的对象身上。比如，在外面生气了，会拿家人当替罪羊。这个现象在心理学上叫做“转移作用”。有些人的路怒，就是这样的情绪转移，让别人当了自己怒火的“替罪羊”。

第五个心理原因：幼稚心态。所谓幼稚心态，就是一些非理性的心态。比如，存在不合理的期望，认为路上不该有任何意外妨碍自己开车。即使完全没有必要赶时间，也会设定一个预期到达时间，无形中给自己增加心理压力。还有的司机喜欢和其他司机竞争，把行车当成了赛车游戏，超过对方就高兴，被对方超过就懊恼。

找到了原因，就要根治它，别让这种负面的情绪伤害你。

不要为了小事而生气

生活中，我们经常看到人们愁眉苦脸、抑郁伤感、发脾气，说起来不过多是为了一些微不足道的小事。人生是多么的短暂，因一些鸡毛蒜皮、微不足道的小事而耿耿于怀，为这些小事而浪费你的时间、耗费你的精力是不值得的。

1965 年 9 月 7 日，世界台球冠军争夺赛在美国纽约举行。路易斯·福克斯的得分一路遥遥领先，只要再得几分便可稳拿冠军了。就在这个时候，他发现一只苍蝇落在主球上，他挥手将苍蝇赶走了。可是，当他俯身击球的时候，那只苍蝇又飞回到主球上来了。他在观众的笑声中，再一次驱赶苍蝇。这只讨厌的苍蝇破坏了他的情绪，而且更为糟糕的是，苍蝇好像是有意跟他作对，他一回到球台，苍蝇就又飞回到主球上来，引得周围的观众哈哈大笑。路易斯·福克斯方寸大乱，连连失利，而他的对手约翰·迪瑞则愈战愈勇，赶上并且超过了他，最后夺走了桂冠。第二天早上，人们在河里发现了路易斯·福克斯的尸体，他投河自杀了!

为了和一只小小的苍蝇斗气，路易斯·福克斯丢了冠军甚至自己的生命，这真可谓因小失大、得不偿失。现实生活中也不乏这样的人，他们实在太在意身边的一些琐事了。其实，很多人的烦恼并不是由多么大的事情引起的，而恰恰来自对身边一些琐事的过分在意、计较。

在一望无际的大沙漠中，有一只骆驼有气无力地向前走着。正午的太阳简直就是一个大火球，把骆驼晒得又饿又渴、焦急万分。装了一肚子火的骆驼正不知该往哪儿走时，它的脚掌就被一块小小的玻璃片硌了一下。骆驼顿时火冒三丈，它抬起脚狠狠地将碎玻璃片踢了出去，却不小心将脚掌划开了一道深深的口子，鲜红的血液顿时把沙粒给染红了。

气呼呼的骆驼因为疼痛一瘸一拐地向前走着，身后留下了一串血迹，血迹引来了空中的秃鹫。它们在骆驼上方的天空中不停地嘶叫和盘旋着。骆驼心里一惊，不顾伤势狂奔起来。极速的跑动使伤口不断地撕裂，血也越流越多，在沙漠上留下一条长长的血痕。当骆驼跑到沙漠边缘时，浓重的血腥味儿又引来了附近的沙漠狼。疲惫加之流血过多，无力的骆驼只得像一只“无头苍蝇”一样东奔西突，仓皇中跑到一处食人蚁的巢穴附近。鲜血的腥味儿惹得食人蚁倾巢而出，黑压压地向骆驼扑过去。就在这一刹那，食人蚁就像一块黑毛毯，把骆驼裹了个严严实实。一会儿工夫，那只可怜的骆驼就满身是血地倒在了地上。

临死前，这只骆驼追悔莫及地叹道：“我为什么跟一块小小的碎玻璃片生气呢?”临死前才明白不应该动不动就生气，这只骆驼显然明白得太晚了。

现实生活中，让人生气令人发怒的事也许会随时发生。而作为一个有理智的人，为了安宁地、更好地工作和生活，处理各种不愉快，就需要忍气制怒。如果不忍，任意地放纵自己的感情，首先伤害的就是自己。

在很久以前，有一个叫东吉的人，每次生气和人起争执的时候，他就以很快的速度跑回家去，绕着自己的房子和土地跑三圈，然后坐在田地边喘气。东吉工作非常勤劳努力，他的房子越来越大，土地也越来越广。但不管房子有多大、土地有多广，只要与人争执生气，他还是会绕着房子和土地跑三圈。

东吉为何每次生气都绕着房子和土地跑三圈？所有认识他的人，心里都很疑惑。但是，不管怎么问他，东吉都不愿意说明。直到有一天，东吉很老了，他生气了，仍旧拄着拐杖艰难地绕着土地跟房子走。等他好不容易走了三圈，太阳都下山了。东吉独自坐在田边喘气。他的孙子在身边恳求他："阿公，您已经年纪大了，这附近地区的人也没有人的土地比您的更大，您不能再像从前，一生气就绕着土地跑啊！您可不可以告诉我这个秘密，为什么您一生气就要绕着土地跑上三圈？"

东吉禁不起孙子恳求，终于说出隐藏在心中多年的秘密。他说："年轻时，我一和人吵架、争论、生气，就绕着房子和土地跑三圈，边跑边想，我的房子这么小、土地这么少，我哪有时间、哪有资格去跟人家生气。一想到这里，气就消了，于是就把所有时间用来努力工作。"

孙子问道："阿公，你年纪大，又变成最富有的人了，为什么还要绕着土地跑？"

东吉笑着说："我现在还是会生气，生气时绕着土地走三圈，边走边想，我的房子这么大、土地这么多，我又何必跟人计较？一想到这儿，气就消了。"

一个人要生气，总会有生不完的气。既然如此，何不更旷达地面对人生，少为一些无关紧要的小事去生气，多找快乐，过好珍贵的每一天？

英国著名作家迪斯雷利曾经说过："为小事生气的人，生命是短暂的。”如果你真正理解了这句话的深刻含义，那么你就不会再为一些不值得一提的小事情而生气了。

我们的心灵在任何时候都应该是沉着的，不要为一件微不足道的小事而生气，生气与烦恼只是展现自己面对困难时的无能而已，只有沉着与冷静才是面对困难并消灭它的最好办法。所以说，我们不应让一些小事影响了自己的心情，而应用豁达的心态去面对，这样才会有一个好结果。

第三章　沉得住气，脾气永远不要大过本事

遇事要沉得住气

冲动是魔鬼。人的感情已涌上心头，就会在一定意义上丧失理智，就会做出一些不理智的举动，明知不可为而为之。到头来，只能是害人害己。

冲动是思想上的“魔”，冲动做事就会走火入魔，给自己和别人都带来极大的损失和痛苦。人们常感叹：“世上没有后悔药。”路是自己走出来的，可是为什么世人却又对后悔药念念不忘呢？很大的原因，就是听凭一时冲动做了事，造成的结果再也不能更改。

人与人之间发生误会是正常的，如果时时冲动，那么我们将一直生活在悔恨中。小到做人，大到治国，皆是如此。冲动会让人一时头脑发热，对周边的环境、自身的现状都缺少客观而清醒的认识。如此，失败便是不可避免的。在关羽败走麦城、惨遭杀戮之后，作为兄长、一国之君的刘备，就因终究没能沉住气，一时冲动造成了无法挽回的悲剧命运。

刘备历尽艰辛，终于拥有了东西两川和荆州之地，创建了帝业。

然而，由于关羽的失误，荆州被东吴所夺，关羽也被算计杀害。

刘备听闻，悲愤交加，立刻要起兵伐吴，发誓要为关羽报仇。

赵云劝说道："当今的国贼是曹氏，并非孙权。曹操虽然死了，但曹丕却篡权自立为帝，神人共怒。陛下应该讨伐曹丕，而不是剑指东吴。倘若一旦与东吴开战，就不容易立刻停止，其他大计就无法实施。还望陛下明察。"

刘备心知这番话的道理，确是审时度势之言。然而，兄弟之情让他的心中已充满了复仇的冲动，一心向战。他对赵云说："孙权杀害了我的义弟，还有其他忠良志士。这是切齿之恨，只有食其肉而灭其族，方能消除我心中的仇恨。"

赵云再劝道："曹丕篡汉的仇恨，是大家的仇恨；兄弟之间的仇恨，是私人的仇恨。希望陛下以天下为重。"

刘备甩袖反问："我不为义弟报仇，纵然有万里江山，又有何益？"遂起兵伐吴，欲扫平江东。但最后落得个火烧连营、白帝托孤的下场。

刘备的这一决定显然不是建立在冷静的心态之上的，他已完全被自己的悲伤和愤怒的情绪所控制，冲动办事。由此导致了他失去应有的理智，丧失了审时度势的能力。不但复仇未成，还把自己的性命赔上，而初有所成的蜀国帝业也受到重创。

这样的失败对于刘备而言，可以说是灭顶之灾。冲动办事的结果常常是彻底的失败，且越冲动，造成的损失越大。

刘备在冲动之下，没有认识到东吴根基已久，孙权善用贤能，上下团结，绝非如刘璋之辈似的软弱。同时，北边曹丕虎视眈眈。在尚需稳定政权、巩固人心之时，只有联吴抗魏，方能长治久安。彼时的刘备眼前，只有义弟云长的身影，桃园之情、同生共死之义充满了他的内心，从而实施了伐吴复仇之计。其失败是注定的。

生活中不难见到因为冲动而做出后悔事的人，那些法制节目中泪流满面、身穿囚服的罪犯，很多都是一时冲动犯下了错。虽然我们不曾犯过法，但细数过往，或许也有因为冲动而失策的时候。但是，后悔是没有任何实际意义的。比起想办法补救，不如在一开始就遏制住。更何况，大多数时候我们都没有补救的办法。

如果你无法抑制自己的冲动，那么就让时间来抑制。当情绪上涌的时候，在心里默默地数几个数，先不去想这个让自己情绪沸腾的事情，直到时间让我们平静下来，一切才算开始。

物无美恶，过则为灾，控制好情绪，耐得住冲动。遇事沉得住气，才能使目更明、耳更聪，才是图谋远虑之举。

平和自有力量

如今，愤怒已经成为很多人生活的常态。每个人的身上仿佛都背着一个炸药桶，一不留神就会引爆。有人将这归结于生活节奏的加快和人们身上背负的压力增大。事实上，缺乏一种平心静气的态度是造成这一现象的重要原因。

有经验的船员都知道，看似平静的水面往往需要格外小心，因为在下面蕴藏着巨大的力量；而那些看起来波浪翻滚的水面其实是最安全的，这就是平静所产生的力量。一个人也一样，想要成就一番大事业，就要学着化解心中的怒气，在心平气和中慢慢积蓄力量，这一点必不可少。

能够控制并调节自己情绪的人才不会被自己的情绪所左右，这样的人能平静地生活在世上，才能获得解决问题的能力。

一位著名演讲家被邀请到一所大学，去担任大学生演讲比赛的评委。所有的参赛选手在经过抽签确定了演讲顺序和演讲主题后，第一位选手表情很不满地走向了讲台。当听众和评委正准备听他演讲的时候，他走上讲台说："同学们，尊敬的评委，这是一场不公平的比赛！我领到这张纸以后，只有几分钟的准备时间，而在我后面的人则有更为充裕的时间准备，这是不公平的！"

这位选手说完，便走下了讲台。但是，他的离开并没有影响到这次比赛的顺利进行。在这场比赛中，有人获得了荣誉，有人锻炼了自己。

比赛结束后，演讲家找到那个因为生气而拒绝比赛的男孩，对他说："你不要因为觉得不公平而生气争执。你想过没有，第一个演讲往往最能吸引评委的注意，而预留的时间少则是锻炼自己思维和语言组织能力的绝好机会。"

听了演讲家的话，男孩羞愧地低下了头，他意识到了自己的冲动与无知。

在生活中，总会出现一些不如意的状况。这些情况有时候会让人抓狂，会让人愤怒，也会让人很自然地与他人进行争执。但是，愤怒、争执又有什么用呢？如果自己只是一块平淡无奇的生铁，抱怨、争执都是徒劳，因为自己的价值还没有被认可。当把自己锤炼成精钢以后，估计你就不会遭受不公正的待遇了，你自然就不会愤恨不满了。

脾气永远不要大过本事

在人们的固有印象中，似乎本事越大，脾气就越大。像绵羊一样没脾气的人，只能做一辈子老实巴交的平民，干不成大事。比如英国首相丘吉尔，发起脾气来，就像一头凶猛的雄狮，似乎整个世界都要在他脚下颤抖；威风凛凛的五星级上将麦克阿瑟，独断专行，行为激进，是个非常有个性、有脾气的军人。大人物杀伐决断，目光透着狠厉，脾气都不太好。那么，这是否意味着有脾气就是干大事的标配呢？

当然不是。乱发脾气是沉不住气的表现，不值得效仿和提倡。国学大师南怀瑾曾经说过："上等人有本事没脾气，中等人有本事有脾气，下等人没本事有脾气。"按照这种说法，丘吉尔和麦克阿瑟属于中等人，还没有修炼到上等人的境界。普通人若是盲目效法，就成了没本事没脾气的下等人了。虽然不是每个人都有本事，但每个人确实都有脾气。温和敦厚的人不是没脾气，而是善于控制自己，沉得住气，不乱发脾气。有脾气发，是一种没有教养的表现，它是造成人际关系紧张的根源。在本事不大的时候，不善于克制自己的情绪，前行的道路必定处处受阻。因为本事小脾气大的人无论走到哪里都不受欢迎。在能力和实力比较孱弱的时候，你最好学会收敛脾气，千万别让自己的脾气大过本事。功成名就以后，要修身养性，克制自己的脾气，表现得有涵养一些，争取做个没脾气有本事的上等人，如此才能赢得他人的钦佩和敬重。

傅杰从小脾气火爆，让家人伤透了脑筋。七岁那年，因为不喜欢母亲买来的玩具大发脾气，当着全家人的面，把玩具狠狠地摔在了地上，还轻蔑地在上面踩了几脚。父亲眼睁睁地看着这一切，真不知道该拿他怎么办好，只好俯下身来耐心地劝导道："孩子，终有一天你会长大的。我告诉你一个秘密吧，对于长大的孩子来说，脾气大没有本事不受欢迎。"说完，父亲把地上的变形金刚拆解了，示范着排列成不同的组合，并鼓励傅杰："你试试看，能不能把玩具的形状还原。"傅杰觉得很有意思，拿起玩具用心钻研了起来。

父亲的教导对傅杰产生了深刻的影响。此后，每当怒火攻心，想要发脾气的时候，他都会想起父亲的话，努力克制住自己，成了一个温文尔雅的人。长大之后，他一手创建了连锁餐厅，招聘了数名高管和大批服务员。他要求全体员工，必须对顾客温和耐心，对于顾客提出的要求，一定要做到有求必应。谁若违反此规定，受到顾客投诉，将被扣除当月工资的五分之一。

后来，他到外地出差，突然接到了一位高管的电话，高管要求他马上回来处理紧急事务。傅杰不晓得发生了什么事情，星夜疾驰赶回了公司。那位高管见了他，情绪非常激动："老板，公司的规定太苛刻了，顾客是人，我们也是人，只允许顾客提各种五花八门的要求，包括无理要求，却不允许我们提出任何异议，让我们忍气吞声，这太不公平了。顾客有脾气，难道我们就没脾气吗？他们有的权利我们也有，凭什么让我们对他们有求必应？我们受到投诉，一定是我们错吗？顾客当中有多少刁蛮不讲理的，有多少寻衅滋事的，你知道吗？你为什么要不分青红皂白地责罚我们？"

旁边的大堂经理也气呼呼地附和道："这条规定确实不合理。今天，有一名顾客点了两百块钱的菜，结账的时候偏说从菜汤里发现了头发丝，要求我们做出解释，还威胁要到卫生局投诉我们，真是气死人了。现在的人，为了吃霸王餐，什么事情都做得出，自己往饭菜里放头发丝，还诬赖别人，态度还那么恶劣……”

“关于顾客往饭菜里放头发丝一事，你调查过吗？有什么证据表明头发丝一定是顾客的?”傅杰打断了大堂经理絮絮叨叨的抱怨，用严肃的语气问道。“这不是明摆着的事吗？还用调查吗？难道非要做DNA鉴定，证明发丝是顾客的?”大堂经理说。“事情都没弄清楚，你就乱发脾气，以后哪位顾客还愿光顾咱们餐厅？你不能凭借主观臆断，随意揣测别人，万一头发丝确实是某个厨师或某个服务员不小心掉进去的，怎么办?”傅杰说。

高管和大堂经理一听，没办法心平气和地跟傅杰交流了。他们纷纷表示，要是公司不修改规定，他们俩立马辞职。傅杰叹息道：“好吧，那你们就到人事部办理离职手续吧。我不愿冒着得罪顾客的风险，挽留两位坏脾气的管理人员。临走前，我送你们一句话：‘脾气永远不要大于本事。’”凭借着周到体贴的服务，傅杰的餐厅越来越红火。事实证明，他的经营理念是对的。唯有让顾客满意，提供最优质的菜品和服务，才能生意兴隆。后来他听说，从这里辞职的那两名管理人员，先后进入多家餐厅工作，都因为脾气太大，屡次跟顾客吵架而被开除了。

生活中，本事小脾气大的人随处可见。真正本领超凡的人，大都宅心仁厚，是不轻易发脾气的。人在郁郁不得志的时候，最喜欢发脾气，因为除了大发脾气之外，他们已经找不到其他的宣泄途径了。殊不知，乱发脾气痛快一时，却有可能误你一生。正是由于肆无忌惮地乱发脾气，你才错失了扭转败局的机会，酿成了一生无法弥补的遗憾。所以，为了未来着想，你一定要提高修养，控制好自己的情绪，尽量不乱发脾气。

把心放宽，不发脾气

现代人负担重，压力大，精神高度紧张，心情抑郁难抒，时常不悦，动辄生气。因此，能真正沉得住气的人并不多。我们常看到有些人为了鸡毛蒜皮的小事吵得面红耳赤，有些人喜欢拿别人的错误惩罚自己，整天生闷气。时过境迁以后会发现，值得生气的事情真的很少很少。当时愤恨不平的事情，如今想来，并不那么可气，完全可以一笑了事。

生气，于人于己都没有好处，既伤和气又伤身体。明智的人，都会告诫自己，做人要沉住气，少生气。当然，完全不生气是不可能的。人非圣贤，谁都有被激怒的时候，没有人能永远挂着一张笑脸。生气要因事因人而异，对于不理解你的人，你没有必要生气，因为你说再多的气话都是对牛弹琴，生气纯属浪费感情。别人有意激怒你，你更不该生气，你怒发冲冠、暴跳如雷，岂不是正中别人下怀？为了不让对方得逞，你理应稳住自己的情绪。与萍水相逢的人发生了摩擦，不值得你气。双方缘分甚浅，很快就会各奔东西，何必动气。同熟人起了争执，也不必气，牙齿和嘴唇还有互相碰撞的时候，要学会包容和体谅别人，尽量少生气。你或许做不到“泰山崩于前而色不变”，但至少可以让自己少生一些无用的气，活得豁达和快乐一些，不让闲气、闷气毁了自己的好心情。

高岳有一天到饭店包厢里用餐，点完了菜，菜品半天都没有端上来。当日，饭店生意异常火爆，服务员和厨师分身乏术忙不过来，不少客人都在坐着苦等。高岳等得不耐烦了，就主动上前催促服务员，服务员答应会催催厨师。可是，一刻钟过去了，菜还是没有上桌。高岳火了，把服务员喊了过来："你们怎么回事？知不知道什么叫先来后到？后来的客人都快吃饱了，我点的菜还没端上来，究竟是什么意思？"服务员忙说："您别急，马上好，马上好。"

高岳气得直拍桌子："'马上好，马上好。'这句话你对我说了多少遍？马上是多久？是一个小时、两个小时，还是一上午？你们有没有时间观念？"服务员解释说："真对不起，今天来饭店用餐的客人太多，我们实在忙不过来，不是有意怠慢您，请您理解。"高岳心想：这些服务员一定是看人下菜碟，优先招待财大气粗、西装革履的尊贵客人，像他这种穿衬衫的平民全都不同程度地受到了冷落。这样一想，更生气了，忍不住对服务员怒吼道："你们不敢怠慢那些穿西装的，专门怠慢我们这些穿衬衫的，是不是狗眼看人低？"服务员听了这句骂人话，非常委屈，强忍着泪水，继续解释说："先生，别人点的菜耗时短，自然先上桌。您点的菜需要花费很长时间才能做好。关于这点，还望您能理解。"

"无论我说什么，你总能找到借口搪塞。算了，我气都气饱了，没心情吃东西了。你跟厨师说一声，我点的菜全都不要了，不用做了。"高岳说着，起身欲走。服务员赶忙说："可是您点的菜，我们都已经在做了。""不用担心，钱我照付，不会让你们浪费食材。做好以后，你们自己处理吧。千万别直接倒进垃圾桶，要知道世界上还有数不清的难民没饭吃。实在不知道该给谁吃，就送给街头的乞丐吧。要是找不到乞丐，送给流浪猫流浪狗也行。总之，食物是不能浪费的。”

服务员听完这番高论，忍不住笑了起来：“先生，您真是好心肠。”高岳气消了大半：“我这个人心肠不坏，就是好生气。刚才是气昏了头，说了很多难听的话，真是多有得罪。现在想想，又何必呢？花了钱，饿着肚子，毁了自己一天的好心情，也毁了你一天的好心情。”话音刚落，他点的菜陆陆续续都端上桌了。服务员用探寻的语气问道：“先生，这菜您还吃吗？”高岳说：“现在气消了，肚子也饿了。”说完，便开始用餐了。

回家的路上正遇上堵车，后面的车不停地按喇叭。高岳不胜其烦，想扭过头狠狠教训对方一顿。正欲发火的时候，他忍住了。没过多久，路况畅通了。他心情舒畅地驾着车，很快就回到了家里。到家之后，高岳开始反思一天内发生的事情，他觉得很多看似可气的事情其实都不值得生气，有时候克制一下自己，心情很快就平复了。生气既消耗自己的能量，又惹人不快，一点好处都没有。所以，决定以后尽量少生气，绝不让生气破坏了一天美好的心情。

明智的人遇事沉得住气，不会因为一时的头脑发热而大发脾气。怒气犹如一个深不可测的泥潭，深陷其中的时候，感觉就像被淤泥掩埋，郁闷得透不过气来。其实，很多事情都不值得发怒，你又何苦自找苦吃呢？人生在世，谁都有不顺遂的时候。如果稍有不如意便大动肝火，岂不是每天都要在生气中度过吗？把心放宽一些，遇事冷静一些，尽量少生气，用微笑驱散生活中的阴霾，主动迎接灿烂的阳光，明天一定会更加美好。

不要让别人影响自己的情绪

有时候，你的心情和情绪会因为某个人而改变。比如，他乡遇故知，会欣喜不已；和挚友欢聚，开心得忘乎所以，觉得整个世界都变得阳光明媚起来；偶遇讨厌的熟人，顿感不悦，没来由地感觉晦气；最让人难受的是，厌恶的人挥之不去，总在眼前晃来晃去，时时刻刻让你感觉到他的存在，你的心情因此大打折扣，心里莫名窝火，于是忍不住就问苍天，是不是故意派来冤家来折磨自己。

沉不住气的人，大多会有这种反应，因某个人而欢喜，因某个人而捶胸跺足、恼恨不已，甚至郁郁寡欢、闷闷不乐。其实，大可不必如此。别人不是为你而存在的，不会因为你的情感需要，或消失或出现。有时候，你越是厌恶某个人，那个人越是会像定海神针一样，久久屹立在你面前。如果你不能克制住自己的情绪，就要忍住无穷无尽的精神折磨。

有时候，人们会落入思维定势的陷阱，想当然地认为，自己永远都是一个友善的人，发自内心地厌恶某个人，问题一定出在对方身上。但事实并非如此。你不喜欢的人未必是一个不折不扣的坏人，彼此无法相处，可能是因为价值观上有分歧，也可能是因为生活习惯大不相同。别人给你带来不良感受，并非是因为别人的话语、行为冒犯了你，而是因为你对人太过苛刻，不能容忍彼此的不同。

作为一个爱憎分明的人，你也许不善于隐藏自己的好恶，一旦认为谁面目可憎，就会明显地表现出来，厌恶、鄙夷、嘲弄等表情毫不掩饰地呈现在脸上。对方接收到了这种不友好的信号，感觉到了明显的敌意，势必会用各种不友好的方式回敬你。人与人之间的交恶大抵是这样一个过程。你让别人不愉快不舒心，别人也不会让你感到愉快和舒心。为了避免彼此伤害，最明智的做法是尊重对方。你不必强迫自己同讨厌的人结为朋友，但至少要尊重对方，尽量不翻脸不怄气，彼此相安无事，各行其是，在相对融洽的气氛中和平共处。

段美琳调到总部工作以后，薪水涨了近一倍。可是，她非但不高兴，反而烦躁不已。主要原因在于办公室里有两个讨厌鬼，一个是小顾，一个是小秋。小顾是一个30出头的女白领，个性非常幼稚，把办公桌装饰得跟闺房里的摆设似的，到处都是稚嫩的粉红色，半壁屏风上面还贴了不少猫咪的图片，头上戴着镶满人造钻石的发卡。自从见到她第一眼，段美琳就看她不顺眼，真希望她能马上从自己眼前消失。小秋是个十足的工作狂，穿着中规中矩的灰色套装，整天面无表情，汇报工作的时候总是一脸冰霜，平时聚餐聊天，三句不离工作，让人感觉无比压抑。在段美琳看来，她就是一个冰冷的机器人，甚至连机器人都不如。

由于要长期与自己反感的同事共事，段美琳心情颇为糟糕。每当听到小顾甜甜腻腻的声音，她都有种要崩溃的感觉，误以为自己闯进了幼儿园。看到小秋那张千古不变的冷脸，更是心烦。为了减少干扰，每次小顾开口说话，她都会戴上耳机听音乐。小秋从眼前经过的时候，她会有意识地把头扭向一旁。她多次向上级申请调回原来的分部工作，都没有得到答复。她不由得心想：看来不是冤家不聚头，我越是讨厌什么人，什么人就会跟我共处一室，是老天故意折磨我吗？还是我太倒霉，偏偏要和与自己气场不和的人待在一个屋檐下共事？

最令段美琳懊恼的是，公司接了一个新项目，要分组完成目标，段美琳和小顾、小秋分到了一个小组。听到这个消息，段美琳顿时感觉整个天空暗了下来，心情郁闷得不得了。合作的过程很不愉快，小顾说话的时候，段美琳总是走神，致使交流无法正常进行。小顾很不高兴地说：“我哪里得罪你了？你凭什么用这种态度对我？满脸都是厌恶的表情，好像我就是摆在你面前的一堆垃圾一样。” “我哪有……”段美琳刚想狡辩，小顾敏捷地拿出了一面小镜，让她看看自己的样子。小顾说得没错，那种鄙夷的表情就仿佛被定格了一样，久久不得消失。段美琳看了一眼镜中的自己，瞠目结舌，不知道该说什么好了。小顾不想听她解释，负气离开了小组，转而帮其他同事的忙。小秋叹了口气说：“小顾走了，我们组现在就剩下两个人了。我知道你讨厌我，其实我也不喜欢你。但工作还是要完成的，我们俩互相忍受一下吧。”段美琳没说什么，开始低头埋首工作，心想：这样的日子不知还要忍受多久。

不管你对别人印象如何、感觉如何，都不要表现得过于粗鲁无理。只要你文明地对待别人，别人也会文明地对待你。心情不好的时候，要沉住气，不要把矛头指向任何人。不要总想着别人多么令人恼火，而要静下心来思考一下，自己情绪糟糕的原因在哪里。如果是别人的某个做法激怒了你，你可以采用恰当的沟通方式表达自己的观点。比如，你讨厌开会发言的时候被人打断，可以直截了当地告诉对方：“请不要在开会的时候打断我发言，好吗？”

假如只是因为气场不和导致你对某个人格外反感，每当这个人出现的时候，你的心情都会受到影响。最明智的做法就是，不要太过关注这个人，努力把注意力集中到所做的事情上，而不是你讨厌的那个人身上，尽量不要让别人影响自己的心绪。记住，每个人都需要尊重，你厌恶的人也不例外。厌恶一个人不翻脸，就是至极的尊重。你尊重别人，必将收获尊重。少些争执，少些是非，少些怨愤，少些戾气，人生就会多些阳光，多些快乐。

理性地把控住自己的情绪

有句格言说得好："快乐因分享而加倍，悲伤因分担而减半。"的确，快乐是可以分享的，快乐是可以传染的，一个灿烂的笑脸、一个愉快的眼神，可以催生出更多的幸福和快乐。只要你愿意，可以跟所有接触过的人分享快乐，将这种美好的感觉无限制传递下去。那么，悲伤也可以分享吗？别人可以同我们共担悲伤吗？答案是不能。因为悲伤是一种负面情绪，它同样具有传染性，人人唯恐避之不及，谁也不愿意同载满负能量的人接触，更不要说和你分担悲伤了。

人在沉不住气的时候，常犯一种错误：与少数人分享快乐，把悲伤传染给每一个目力所及的人，不小心成了瘟神一般的人物，被大多数人所讨厌。真正心智成熟的人，普遍能沉得住气，皆能恰当地控制自己的悲喜情绪，乐于与更多的人分享快乐，将痛苦、忧伤、脆弱的一面只展示给家人和少数几个朋友，绝不要求所有人跟自己共担悲伤，更不会无所顾忌地表露负面情绪影响他人。

每个人都喜欢欢声笑语，讨厌眼泪和悲泣，这是人之常情。人人都喜欢传播快乐的开心果，排斥悲悲戚戚的悲情人物。不要问为什么那么多的人能够与你同欢笑，却不愿与你共悲苦，别人没办法真正理解你的感受。很多事情只有经历了才会懂得，旁观者永远不会知道其中的滋味。一个沉着而有涵养的人，会把快乐敷在脸上，将悲伤深压在心底。这是因为，快乐可与任何人分享，而悲伤不能。作为普通人，你也许做不到悲喜如常，但至少可以不表露不悦的脸色。高兴时，自然地露出愉悦的笑脸，让别人感知到那种发自内心的快乐。心情不佳时，也不要拉着长脸，把所有的悲哀都写在脸上。作为一个成年人，不要太过情绪化。心里不愉快或是分外哀伤，切莫表现得太过明显，尽可能以不影响别人为宜。要找到合适的人合适的途径倾吐不快、排解忧伤，尽快调整好状态。

霍思燕耗费了整整两年的时间，打造一个精品项目。可是，项目到了收尾阶段，她却被排斥在外，没有直接参与。呕心沥血的付出没有换来应有的回报，她感到非常郁闷，每天都很忧伤。别人每次看到她的时候，她都是满脸悲戚，似乎悲伤得无以复加。任何靠近她的人，都会被这种情绪感染，莫名感到难过。为了阻断负能量的传播，朋友、同事纷纷远离了她。她越发孤单和寂寞了，似乎一夜之间衰老了很多。

后来，公司来了一批新人。她终于有了倾诉的对象，变得像祥林嫂那样爱唠叨。她说，为了这个项目，她付出了一切，放弃了节假日正常休息的时间，错过了孩子的成长。两年来，她没有给丈夫熨烫过一次衣服，没有陪他看过一场电影，甚至没有好好陪伴他吃过一顿晚餐。她整天忙得不亦乐乎，把办公室当成了家，忽略了自己的家。孩子常常在她面前哭泣，丈夫隔三岔五跟她争吵一次。她承受着常人难以想象的压力，把一切的心力都献给了项目。她牺牲了家庭幸福，牺牲了个人生活，结果什么都没换来。付出了这么多，却没有得到预期的收获，怎能不伤心呢？新员工听了这番话，最初都很同情她。可是，她一而再再而三地诉说。大家都听腻了，也看腻了她那张溢满哀伤的苦瓜脸。没过多久，都对她敬而远之了。

霍思燕更加忧伤了，她似乎被一种悲剧的气氛所笼罩，身上披上了悲情的色彩，成了人们眼中公认的悲剧人物。老板实在看不下去了，有一天主动找到她谈话：“你知道我为什么没让你参与项目的后期部分吗?”霍思燕摇了摇头。

老板说：“原因只有一个。我觉得你不太擅长控制自己的情绪，经常把负面情绪挂在脸上。在你主持项目的这段时间里，整个团队的氛围都很压抑。毫不夸张地说，是你把情绪病毒传染给了大家。为了保证项目有一个好的收尾，我临阵换将，在工作安排上做出了调整。也许你对这种工作调度很不满意，但我也是不得已为之，希望你能理解。当然，我不会忘记你对公司所做的贡献。你对项目的付出，大家是有目共睹的。论功行赏的时候，我会妥善处理。我希望你尽快调整好情绪，认真投入下一个阶段的工作，不要再计较过去的得失了。”

霍思燕听了这番话，感觉十分委屈。她觉得那段时间自己状态不好，就是因为太忙太投入了，没有时间顾及家人的感受，动辄跟丈夫吵翻天。她也不想天天拉长脸，也想每天开开心心地上班，可是无论如何都做不到。她把实情全都告诉了老板。老板说：“人人都有情绪不好的时候，可能为私事烦恼，也可能因为感情问题苦恼。但无论如何，都不能带着情绪去工作。作为成年人，要学会克制自己。如果你实在没有办法把坏情绪赶走，至少不要表露出来，不要让大家陪你一块难过。这里是公司，不是情感宣泄室，你要注意一下影响。”霍思燕明白了，不再辩解，不再纠结，低头走出了办公室，决定从此不再轻易表露哀伤。

正所谓：“月有阴晴圆缺，人有悲欢离合。”人生在世，谁不是悲喜参半呢？大自然有潮涨潮落，人的情绪也会随着悲悲喜喜的变化起起伏伏，这是非常正常的事情。你不可能把悲伤全部消除，但可以理性地把控住自己的情绪，做到悲愁不溢于面，不给他人增添心理负担。

不要在公众场合失态

人类虽然具有理性思维，但归根结底属于感情的动物。在某些时刻，理智会完全让位于情感，情绪瞬间失控，忍不住大吵大闹、大喊大叫或痛哭不止，表现得歇斯底里。人在沉不住气的时候，是很容易抓狂的。受到一点微小的刺激，便出现异常强烈的过敏反应。事后时常后悔，感到分外丢脸。可惜，无论做什么，都无法挽回苦心经营起来的形象了。

小孩子没有自控能力，稍不高兴就号啕大哭。成年人虽然懂得如何掌管自己的情绪，但偶尔也有失控的时候，发起火来要比小孩子耍脾气严重得多。从心理学角度分析，人之所以会歇斯底里，是因为心底积满了负面情绪。由于长期找不到发泄的出口，一旦到了临界点，便会以火山喷发式的剧烈形式表现出来。从某种意义上说，歇斯底里是长期压抑的结果。所以，越沉闷越安静的人，发起脾气来，越是令人震惊。平时异常温顺的人，发火的时候是非常恐怖的。避免歇斯底里抓狂，只有一个途径，那就是及时释放负能量，千万不能任其无限度地积压。宣泄负能量一定要适度，不能以歇斯底里的方式释放，要学会以科学的方法排解自己的心绪，将伤害降到最小。

小柯是一个平和的女孩，性格比较柔顺，几乎从来没跟人吵过嘴。在人们眼里，她是个百分百的老好人，事事忍让，没有一点脾气，乖巧伶俐得让人心疼。一位同事说："曹雪芹说女孩都是水做的，可真正如水的女子在现实生活中可不多见。像小柯这样柔静似水的女子，真的罕见啊。"另一位同事说："是啊，脾气再大的人，和她也吵不起来，因为她根本不回嘴。和她吵架就像把拳头打在水面上一样，一点回应也没有。"

其实，大家都不了解小柯。表面上，她永远恬淡如菊、宁静似水，心里却常起波澜。她也有正常人的喜怒哀乐，受了委屈也会难过。她不争辩，不代表完全不在乎。由于工作压力太大，情感失意，她已然站到了情绪失控的边缘。只要出现一根导火索，坏情绪的火药桶就会爆炸。为了克制住自己，她做出了一系列反常的举动。只要受到刺激，就会去打耳洞。失恋之后，打了一对耳洞；考证没过，打了一对耳洞；业绩不理想，排在倒数，又打了一对耳洞。打完耳洞后，她开始不停地吃辣，莫名对刺激性食物上瘾，还喜欢上了五花肉，一味暴饮暴食，直到吃到吐才肯罢休。

小柯的反常行为并没有引起重视，没有人发现她的异常。有一天，她在填写报销单的时候，写错了数字，随手就把单据撕得粉碎，一副咬牙切齿的样子。第二次填单子的时候，她显得很不耐烦，笔握得紧紧的，每写一个字都十分用力。主管觉得莫名其妙，随口说了句："业绩不好，要从自己身上找原因，别拿报销单撒气。单据是公司的财产，不是专门供你泄愤的。"小柯觉得主管的话说得太难听了，严重刺伤了她的自尊心，顿时火大："是这支笔有问题，半天写不出一个字，早该扔掉了。"说完，把笔扔出了好几米远。在场的同事全都惊呆了，他们从没见过小柯有过这么激烈的反应。

主管认为小柯是在故意跟自己较劲，非常生气，狠狠地把她批评了一顿。小柯早就受够了那些阴阳怪气的指责，这次再也忍耐不了了，当场和主管吵了起来。吵完了，便跑到卫生间里号啕大哭，哭得惊天动地，仿佛受了天大的委屈。连小柯自己都不知道，她的泪腺居然这么发达，哭起来止也止不住，泪水不断地涌出，似乎永远也不会干涸的样子。这下她终于知道什么叫作泪如泉涌了。同事们惊奇的是，平时讲话细声细语的小柯，哭起来嗓门居然这么大。经过这件事，大家平生第一次认识到了小柯的火爆脾气，纷纷感叹道："人都说最蔫的斗鸡，打架是最厉害的。果不其然，平时文文弱弱的小柯，惊天一吼，大地都得抖三抖。""真没想到啊，小宇宙爆发起来居然有这么大的能量，真把我吓住了。"

此后，同事见了小柯，讲话全都小心翼翼的，再也不像从前那样亲切了。小柯和主管的关系彻底闹僵了。平时，谁都不爱搭理谁。出于工作需要，两人偶尔会生硬地交流几句，接着就各忙各的了。小柯明显地感觉到，周围的气氛瞬间改变了。她为自己过激的表现感到丢脸，每每回想起都万分懊悔，真希望一切恢复原状，什么都没有发生。可惜，世上并没有后悔药。事已至此，一切已无法挽回。除了收拾残局以外，她什么也做不了。

哭泣和喊叫是排解不良情绪最直接、最有效的手段，但不能不分场合、不分时间地大哭大叫。当你积累了很多负面情绪的时候，不妨找一个没人打扰的地方，尽情地哭泣，或是痛痛快快地高声叫喊，把所有的委屈、不甘、愤怒、悔恨等负面情绪统统排解出来，事后会感觉轻松很多。记住，千万不要在公众场合失态，无论有多难过，都要沉住气，一定要找到合适的时间合适的地点发泄。

有限度地表达愤怒的情绪

古希腊哲学家亚里士多德曾经说过："任何人都会生气，这没有什么难的。但要能适时适所，以适当方式对适当的对象恰如其分地生气，可就难上加难。"意思是恰如其分地表达情绪并不是一件容易的事情。所谓沉得住气，并不是指完全没有情绪，或从不表露情绪，而是指知道该怎样疏导、控制和表达情绪，能够把负面情绪的破坏作用降到最低。

人不能太过冲动，但也不能过度压抑，把怒火憋在心里。虽然伤不到别人，却会伤及自身。任何情绪都需要有一个出口，对外发泄不出去，就会把矛头瞄向自己。有的人认为，发怒会伤害到身边人的感情，无论发生什么事，都不能发怒，宁愿把一肚子怒气留给自己，也不能把怒火喷向别人。这样做虽然能避免直接的冲突，但却无助于问题的解决。假如有人伤害了你的自尊，挑战了你的心理底线，你会怎么办？永远忍气吞声吗？那样做就会变成一个可怜的受气包。当场发飙，给予对方猛烈的回击吗？那样做太粗鲁也太原始了。毫无疑问，你必须捍卫自己的人格尊严，但又不能表现得太过火。要用恰当的方式警示对方，让对方意识到自己的无理，在相对平和的气氛中化解尴尬。

小笛刚走到老板办公室的门口，就听到了里面的咆哮声："你们这些人究竟是怎么办事的？这么简单的事情都做不好，简直就是废物，酒囊饭袋！"小笛忐忑不安地敲了敲门，听到老板喊自己进来，这才战战兢兢地走了进去。只见几个同事无精打采地站成一排，就像犯错的小学生一样，低着头等着老板训话。老板挥了挥手，叫同事们离开，把目光转移到了小笛身上。

小笛非常紧张，从进来的那一刻，便有一种不祥的预感。屋里的气氛非常压抑，有一种山雨欲来风满楼的感觉。看来，一场暴风雨就要来临了。果然，老板拿出小笛拟写的策划案，用手拍得啪啪响："你写的是什么东西？乱七八糟，不知所云。连产品的基本特征都没搞清楚！你们这些人，我真是受够了，个个干不了实事，全都是饭桶。我怎么招了你们这些没用的东西？垃圾经过处理还能废物利用呢，你们呢，一点价值也没有，连垃圾都不如。你自己说说看，除了呼吸和吃饭，你还会干什么？"小笛低着头，不敢发一言，乖乖地听老板训斥。她完全失去了时间观念，直到老板不耐烦地赶她走，她才含着眼泪回到了自己的办公室。

小笛感到委屈极了，这份策划案她是完全按照老板的要求写的，如今却被老板贬得一文不值。不仅如此，还上升到了人身攻击的层面，这在以前是从没有过的。显然，老板不是因为策划案而恼怒，而是随便找了个借口，就把她当成了发泄的对象。最近，老板压力很大，火气没处发，在客尸面前要保持体面，在公众场合要维护个人形象，唯有公司是他肆意发泄情绪的安全地带，小笛莫名被当作了出气筒。

被莫名其妙地臭骂了一顿，小笛也很生气。可是，她没有胆量向老板发火，除了忍气吞声以外，她还能做什么呢？这件事情发生以后，老板一不高兴，就会把她叫到办公室训骂，话说得越来越难听，不但贬损她的工作能力，还一再地践踏她的人格尊严，张口闭口称她为废物、笨蛋、无可救药的东西。小笛忍无可忍，多次想要辞职。如果这件事情发生在三年前，她一定会选择忍耐，因为那时她业务不精，太把自尊当回事，会失去很多重要机会。如今，她已经成为策划部核心骨干了，无论走到哪里，都能写出一流的策划案，没有必要继续忍气吞声了。经过一番思想挣扎，小笛决定跟老板谈谈。

小笛的开场白是这样的："感谢您三年来对我的悉心栽培。在这三年时间里，我学到了不少东西，也成长了很多。我按照您的要求和提点，写出了不少惊艳的策划案，赢得了客户的一致认同，这是我们共同努力的结果。事实上，我拟写的策划案从未偏离过您的要求。可是，最近您不断否定我的策划案，经常发火，把内容和思路说得一无是处，这让我感到非常困惑……"

她本以为说完这番话以后，自己会像《卡西克呼叫克西克》中的男主角一样，被老板辞退。没想到，老板并没有生气。老板先是愣了一下，然后有些尴尬地说："我最近忙得晕头转向，自己说过什么，有的已经不记得了。如果策划案确实是按照我的要求拟写的，应该没有太大问题。这段时间，我压力太大，可能说了一些过火的话，希望你别放在心上。"

生活中，我们常能看到一些温顺型的老好人，受到种种不公平的对待，仍然能隐忍不发，表现得逆来顺受，以为这就是所谓的沉得住气。其实不是，沉得住气，并非是指受到严重侵犯时无动于衷，而是指能够用一种文明恰当的方式，有限度地表达愤怒的情绪，以赢得他人的尊重。

不要天真地认为一味地忍气吞声，就能换来和谐的人际关系。过于委曲求全，往往会给人留下性格懦弱的印象，不知不觉就沦为任人欺侮的对象。有时候，你只有发出自己的声音，才能受到重视，适时地表达不满和愤怒，让别人知道你的底线是非常必要的。需要注意的是，言语和行为千万不能过激，表露情绪一定要做到发于情、止乎礼，要注意措辞和语气，以免引起激烈的争吵。在沟通的过程中，要采用比较有代入感的语言与对方交谈，淋漓尽致地表达出自己的感受，让对方感同身受，认识到自身的错误，以此化解彼此的矛盾。

中　篇

不计较

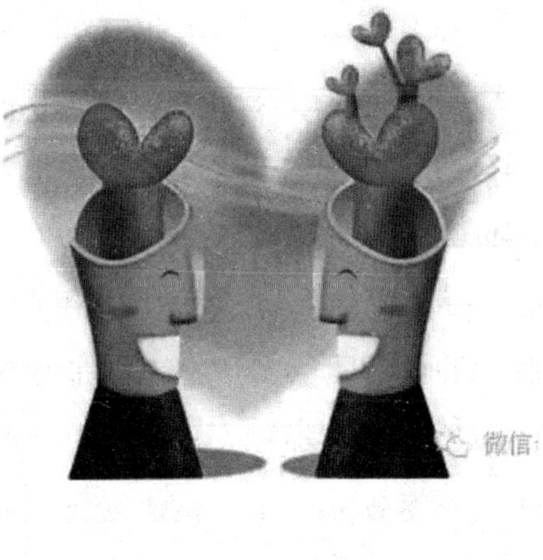

第四章　宽以待人，计较是你想太多

做一个不去过于较真的人

我们可以把爱计较的人看作是一个完美主义者，他还带有一点固执和偏激。

完美主义者往往工作上认真，把生活也安排得井井有条。可这种性格恰恰容易患上抑郁。他们过于较真，严格遵守规则，讲究事物的先后顺序。一旦这种平衡被打破，他们就会感受到巨大的压力。换句话说，他们的变通能力和应变能力较差。

太过较真的个性注定了这类人在生活中过得不放松。他们一切都要问个明明白白，精神容易进入紧绷状态。这从医学角度而言，不利于内环境稳定，还可能会干扰神经、内分泌及免疫等的功能状态。有些病症就是由过分较真导致的，比如，胰腺癌患者很多都是因为拼命工作，事事追求完美，什么都不想放弃，不断给自己施加压力，结果导致了胰腺癌。

我们在工作和生活上不能过分追求完美，也不能什么要求都不去争取达到。我们应该先认识到自己是否有完美主义的倾向，然后有意识地去调整自己。

首先，我们要想清楚要达到什么样全新的状态。完美主义会在某些情境下限制我们的个人发展。但是，在普通人眼里，完美主义者可比普通人能干多了。相比之下，完美主义者也就不觉得自己的做法是错的，这就使他们更不愿接受现实。而明确目标之后，我们才能更实际地去完成任务，而不在一两条规则标准上纠结。

其次，我们应该肯定做事的过程。完美主义者往往是结果论，对过程不够重视。就像我们看电影中的霸道总裁，总是要求下属完成不可能的任务。那些想尽一切办法完成的，在他眼里就是好员工，而不论一个人过程中有多努力，只要没给出总裁想要的结果，那么他前面付出的所有努力都会瞬间归零。在这里，我们是要学会奖励自己的努力，肯定做事的这个过程。

最后，是积极接纳自己。可能很多人觉得完美主义者对别人要求严格，其实他们给自己提出的要求更严。所以，这就要求他能够接纳自己，认识到自己首先就是不完美的，之后才能理智地去完成工作。

美国心理学家乔治·凯利提出过一个“个人构念论”，就是说我们每个人都会根据以往的经验来构建自己的认知模型，遇到相同或者相似的情景，便会运用这些经验和认知来解决问题。认知水平低的人，脑海中的个人构念单一、缺乏弹性，遇到事情，难以用以往的经验来实施。所以，遇到问题时，没有较多的应对策略，只能够用单薄且唯一的构念来进行解释。

有位电脑工程师过年回家。在家庭聚会上，有个长辈说：“网络就是外国人用来害中国人的。”任凭他怎么跟长辈解释互联网的历史，以及其在当今社会中发挥的作用，长辈依然坚信那套子虚乌有的“阴谋论”。最后，电脑工程师实在说服不了长辈，感觉十分无奈，可也只能随他去了。

认知水平高的人，能认识到自身的局限，明白事物具有复杂性，能够理解“世界可能和自己所想的并不一样”。认知上的差距决定了思维上的不同。与不同认知的人进行争辩，是很难获得实质性效果的。以为自己看到的就是全世界，只接收符合自己世界观的东西，并满足沉溺于这种安逸的舒适区，是人最容易犯的错误。那些固执己见的人有什么具体特征呢？

固执的人十分自负，总认为自己是正确的。若有挫折或失败则会归咎于人，由此抓住别人的问题不放，批评人。而对于那些比他们强的人，固执的人容易心生嫉恨。一旦这些人出现错误，他们更不能宽容。固执的人平时还喜欢脱离实际地与人争论，就是俗话说的“抬杠”，他们固执地追求不够合理的“权利”或利益。最后就是选择性失明，他们决定忽视或不相信与自己想法不相符合的客观证据。总之，很难以摆事实、讲道理的方法改变他们的想法，因为他们太能“辩论”了，还一口咬定别人的论据是错误的。

有一位名闻遐迩的大学者在发表论文时，不允许别人有一丁点修改。即使是非常明显的错误，也坚持己见。他的同事都反映这个人很难相处，说他斤斤计较，还睚眦必报。他是怎么变成今天这样的呢？

原来，学者幼时被母亲送到地主家当书童，晚上还要做推磨等杂活，受尽了冷遇和虐待。严冬，他一人睡在四面灌风的柴房里，冻得睡不着，就哭着想母亲。可是，母亲再也没有回来看过他。这样的生存环境，让他渴望自己强大起来，而别人的意见或善意批评等，他都怀疑是对自己的否定。他对别人的意见格外在意，某个人在某年某月某日某时某地说了他什么，他居然都一一记录在案。单位“一把手”不知在何时何地说了他什么，让他刻骨铭心。等到人家退了休，他一次次地在深夜，扔砖头砸人家的窗玻璃，以宣泄怒气。

这就引出了爱计较的人之所以成为这个样子的原因——童年的影响。有的人是缺少母爱，因为母爱是帮助孩子完成人格发育的最重要的不可取代的情感。人在幼年时期，如果他得到了母亲的关怀和爱抚，生理需要就得到了满足，就会感到安全，从而对周围的人产生信任感；如果缺少母爱，就会对世界产生恐惧，对人不信任，缺乏安全感。有的人虽然有母爱，但是接受的是严厉的家庭教育，父母对待孩子过分强调原则。这就导致他长大以后，开始带着这种态度去要求别人。

接下来，我们来了解一下缓解这种心理缺陷的两大方法：交友训练法和敌意纠正法。

交友训练就是鼓励他们进行交友活动，在交友的过程中，慢慢学会信任别人，消除不安感。在训练期间，要和朋友真诚相见，以诚交心。这个人要有诚心诚意、肝胆相照的态度，积极地去认识朋友。要相信大多数人是友好的和比较好的，可以信赖的，不应该对朋友，尤其是知心朋友苛求和责备。必须明确，交友的目的在于克服错误的心理，寻求友谊和帮助，交流思想感情，消除心理障碍。

交往中尽量主动给予知心朋友各种帮助。交朋友要懂得交心，建立彼此之间的信任，不断巩固友谊。尤其当别人有困难时，更应鼎力相助，患难中知真情，这样才能取得朋友的信赖，并增强友谊。

在拓展朋友圈时，注意交友的“心理相容”原则，即交往双方应性格、脾气相似或一致。这有助于心理相容，搞好朋友关系。另外，性别、年龄、职业、文化修养、经济水平、社会地位和兴趣爱好等亦存在“心理相容”的问题。但是，最基本的心理相容考量的还是思想意识和人生观、价值观是否一致，也就是所谓“志同道合”，这是发展合作、巩固友谊的心理基础。

敌意纠正法，有助于克服并消除完美主义者的对抗心理。主要有以下几种训练方法：

要懂得只有尊重别人，才能得到别人尊重的基本道理。要学会对那些帮助过你的人说感谢的话，不要觉得理所应当，更不能不理不睬。

学会向他人微笑。笑可以传达善意，可以让你释怀。可能开始时你很不习惯，做得不自然。但必须这样做，而且要努力去做好。

在生活中要学会忍让和有耐心。生活在复杂的大千世界中，冲突纠纷和摩擦是难免的。这时，必须忍让和克制，不能让敌对的怒火烧得自己晕头转向。

人际交往中需要宽以待人

好的社交关系是平等或者对等的，而不是竞争、控制，获取优越感。为什么说要避免时刻处于竞争、控制的人际关系中呢？童年时期，如果我们在和兄弟姐妹、小伙伴的竞争中，始终是失败的一方，那么就会产生深深的挫败感，觉得这个世界或者周遭的一切对于我们都有威胁，我们也很难去宽容地对待他人。

为了恢复心理平衡，我们本能地就会用两种方式去应对。第一种方式是，我们希望在竞争中获得优胜，赢得优越感。你会发现有些人是一直在攀比，就是源于这种心理机制。第二种方式是，我们把周围所有的人当成了假想敌。因此，我们必须要做非常顺从乖巧的人，以此来博得别人的同情和怜悯，这样的人会一直是一副唯唯诺诺的样子。

好的人际关系应该是遵循相容的原则。所谓相容原则，是我们可以接纳别人的不完美。比如我的好朋友，有时候他在一些小事上伤害了我，但这并不影响我跟他之间的友谊，我能够原谅和接纳。而不是说，只要他有一些东西跟我不太一样，或者说我不认同他的观点和做法，马上就把这个人丢进黑名单。那样的话，我们的社交关系一定会很糟糕。

我们在人际交往中都想要有平等、尊重，舒适、愉快的交流。而融洽的人际关系，少不了宽容的存在，这是人际交往的原则之一。

宽容表现为不在小事上斤斤计较，宽容大度，甚至能够以德报怨。人际交往中，时常会产生误解和矛盾。当今社会讲究的是解放个性，展现自我。我们跟身边的人接触越密切，就难免会产生矛盾。那么，我们应该如何正确面对呢?

其实，在交往中表现出谦让、克制会显得你更有风度。有的人会考虑自己有没有“吃亏”，实际上就是因小失大了。不计较对方的态度，不对别人说的话反复咀嚼，并且勇于为自己的行为负责任，是一种成熟的标志。正所谓“宰相肚里能撑船”，只要我们胸怀宽广，笑脸相迎，发火的一方也会自觉无趣。宽容克制并不是软弱、怯懦的表现。相反，它是有度量、有智慧的表现，是建立良好人际关系的润滑剂，能“化干戈为玉帛”，助你赢得更多的朋友。

著名的“将相和”的故事，就是大度容人的经典事例。故事发生在战国时的赵国，蔺相如原本是缪贤的门客，地位卑下。

赵惠文王时，赵国得到了楚国价值连城的美玉——“和氏璧”。秦昭王知道后，特地写信过来，表示愿意用15座城池换这块宝玉。赵王知道这是讹诈，便要派人出使秦国，此行的目的，既要保持国家尊严，又不能因为这块宝玉引起两国之间的战争。正在寻觅人才之际，缪贤向赵王举荐了蔺相如。

蔺相如到达秦国，拜见了秦王，奉上和氏璧。秦王大喜，把这稀世珍宝传给左右大臣观看。蔺相如看秦王没有交换城池的意思，上前一步说：“这块美玉价值连城，只可惜还有微瑕，我来指给您看。”秦王依言把和氏璧交给蔺相如，只见蔺相如接过玉璧，后退几步，立于柱旁，大声怒斥秦王：“大王想得这块美玉，我们赵王接信后专门与大巨们商议这件事。大臣们都说，秦王素来贪婪，是想把和氏璧据为己有，换城恐怕是不可能的。我认为，布衣之交尚不相欺，更何况秦国这样的大国呢。我临行前，赵王沐浴斋戒，使我奉璧入秦。今日看来，大王毫无诚意。现在玉璧在我手上，您若逼我，我的头与玉璧今天就一同撞碎在这柱子上！”

秦王被蔺相如的正气震慑住，答应斋戒五天后，再正式受璧。蔺相如知道秦王绝不肯用15座城池换这块玉璧，便设法派人将玉璧悄悄带回了赵国。等五天时间一到，秦王得知和氏璧已经偷运回国，就是杀了蔺相如，也无济于事，加上本来就理亏，只好以使臣常礼送蔺相如回国。

蔺相如以大智大勇战胜了秦王，实现了完璧归赵，立下大功。后来，在秦王与赵王的渑池之会上，蔺相如再立一功。当时，秦王企图羞辱赵王，借着酒劲，请赵王鼓瑟。赵王鼓瑟之后，秦御史立即站起来写道："某年某日，秦王与赵王会饮，令赵王鼓瑟。"蔺相如见此情景，马上站起来说："赵王听说秦王擅长秦乐，请秦王奏一曲助兴。"秦王十分生气，不肯答应。于是，蔺相如把酒器举起来，走到秦王面前，双手奉上，请秦王奏曲。秦王依然不肯。蔺相如这时发狠说道："您要是不肯，五步之内，我蔺相如的一腔热血就要喷溅到您身上。"言下之意，就是以死相逼。秦王迫不得已，只好敲了一下酒瓶。相如立即叫赵国御史写上："某年月日，秦王为赵王击瓶。"

回到赵国后，蔺相如官拜上卿。没想到，这事惹恼了当朝大将廉颇。廉颇说："我为赵将，有攻城野战之大功。蔺相如原本是个微践之人，凭着卖弄口舌，反而位居我之上。哪天见到他，一定好好羞辱他一番。"

蔺相如听说之后，事事回避廉颇。每次上朝，都称病不去，以免在站列时发生不快。蔺相如曾与廉颇狭路相逢，他急忙要车夫避开。门客们看不过去，说他太儒弱。蔺相如没有直接回答，反问道："你们说，廉将军和秦王哪个更可怕呢?"门客说："当然是秦王更可怕。"蔺相如说："这就对了。当初完璧归赵和渑池大会上，以秦王之威，我尚且敢当廷斥责他，难道我会怕廉将军吗？我不是怕廉将军，而是因为强秦之所以不敢侵犯赵国，主要因为有我们两个人在。如果我们二人不和，势必如二虎相斗，两败俱伤，对国家十分不利呀。"廉颇听说后，既感动又惭愧。他脱去上衣，背着荆条，亲自到蔺相如门下谢罪，请求原谅。蔺相如也很感动，说以自己的身份，不配接受将军的请罪。

从那以后，廉颇、蔺相如团结一心，共同协助赵王治国。"将相和"的故事也就成了千古美谈。

在这个故事里，蔺相如爱憎分明，他对秦王不卑不亢，据理力争，对同朝为官的廉颇则处处忍让，恭敬宽容。而廉颇起初则显得斤斤计较，难以容忍对方后来居上。

愤怒只能给人际交往带来障碍，对解决问题没有好处。善待别人才是正确的相处之道。社会逆境引起的挫折，挫折源都是人为的。面对生活中的障碍和困难，我们该如何对待呢？是耿耿于怀，怨天尤人？还是宽容为怀，化干戈为玉帛呢？当然应该是后者。宽容不是对原则问题的一种让步，而是对他人一些非原则性的缺点给予一种宽容和谅解。

宽容有点背离我们的心理机制，对伤害过我们的人好，这看起来显得很矛盾。可是，如果选择去报复、去伤害，只能导致冤冤相报的恶性循环。同时，不肯宽恕也是在折磨自己，我们会因此闷闷不乐、辗转反侧。

一旦我们宽恕别人，心灵就会受到一次净化和启迪，让我们的心灵提升一个档次。当然，受到伤害的人，必须花时间来处理自己的愤怒，认清自己在整个事件中所处的角色，明白拒绝宽恕会带来怎样的后果。然后，做出宽恕的决定，才能发挥最好的功效。

宽恕不仅是爱心的体现，更是极高思想境界的升华，宽恕是种博大的境界。表面上看，我们的做法似乎有些消极，因为我们放弃了报复，选择不反抗。但真正的宽恕却是一种需要巨大精神力量支持的积极行为。

宽恕更是一种必不可少的美德，是一种正确的自我意识的体现。一个人只有正确地认识自己，才会有宽容的胸怀。

不在内心“记小账”

人类对某些事情似乎记忆深刻，比如外界对自己的侵害。武侠小说中经常会看到一句话：“君子报仇，十年不晚。”通常是在主人公的童年，其父母不幸被坏人所杀，少年铭记在心，从而拜师学艺，闯荡江湖，只求有朝一日报仇雪恨。可见，仇恨可以深深地烙在人的心里，几十年都不会忘。

这种对自己家人或是对自己的侵害被称为负性事件，会对个体产生刺激，以便让我们记住这些东西对我们来说是有害的，让我们时刻警惕。在我们的进化过程中，对负性事件记忆深刻是有好处的，这可以让我们对外界保持一种警觉，从而更好地保护自己，适应周围的环境。需要注意的是，同样一件事，对有的人来说是负性事件，而对另一些人而言，可能并不会导致他们的痛苦、焦虑或抑郁，这样的事就不是负性事件。下面，我们来看三种常见的负性事件。

做事时经常被打断。我们在工作中受到的干扰可以分为大小两类。比如，你正在专心致志地做某件工作，或者最近一个阶段都在跟踪一个项目，突然领导或者同事过来，打断了你的工作步调，还要求你先去解决其他的问题，这就会让我们产生挫败感。而上升到大的方面，可能干扰你的就是那些不可抗拒的外力了。例如，因为公司策略改变，为之努力了很长时间的项目被搁置。这些时候，说不出的懊恼和烦躁就成了一种负性压力。

不被他人欣赏。其实，我们每个人都渴望被别人欣赏，这证明我们是有价值的。如果你是一个管理者，你希望被大家公认为一个“精明能干的领导”；如果你是一个下属，你同样希望大家将你视为一名“优秀员工”。无论是老师还是学生，无论是父母还是孩子，都有被别人欣赏的需求。但是，一旦你在某个场合感到“不被别人欣赏”，可又无法逃离，那么负性压力就会慢慢滋生。

缺乏人际信任。这种状况可能是由于不良的人际关系造成的，也可能是由于不合情理的规矩或习俗给人的感觉。比如，单位监控员工的言谈举止，甚至鼓励大家互相揭发；父母经常不尊重孩子的隐私等。这种不信任对双方而言都是一种负性压力源。

仇恨这种负性情绪会占据个体的整个大脑，使思维变得狭隘。这就是为什么心怀仇怨的人，很难再顾及其他美好的事物。

要想治愈这种人，需要时间和耐心来慢慢软化他们的内心。

仇恨往大了说，是偏激性格糅合了负面情绪，会让人与人之间充满不信任和暴力。往小了说，其实每个人生活中都难免有记仇的小毛病。那么，我们该如何防微杜渐呢？首先，我们要找出这种情绪问题的根源。

记仇心理本身和不良性格有关。一些人意志软弱，承受挫折的能力比较差，遭到别人拒绝后，很容易就受不了，从而产生报复行为。也有些人过于敏感和固执，当有人与自己持不同意见时，他就认为对方有意跟自己过不去。于是，在内心默默记下了这笔账。

记仇的心理与家庭教养方式有关。有些人的父母惯用严厉、粗暴的教育手段，缺乏耐心，迷信“棍棒底下出孝子”。而这些人根本没理解父母打骂的原因，不知道错在哪里。这样长期积压的不良情绪，就容易造成他们爱记仇的性格。

记仇心理也和人际交往中的压力有关。有些人承受了比较大的精神压力，比如总是遭到他人的嘲笑、讽刺、欺负，可他们无法做出反抗，又无法消除消极情绪，表面上还要装出没有受伤的样子，这便会在心里积压下报复情绪。一旦有机会，他们不会释放压力，而是会把之前累积的报复情绪全部发泄出来。

记仇的心理还会受到不良环境的影响。不要小看电影、电视的作用，事实证明，人们的许多报复行为是从新闻报道、影视剧中习得的。我们下意识地学习他人处理问题的方法，而不去分析这些信息中当事人这么做是对是错。我们只记住了谁要是做了对我不利的事情，我就得必然给他记上一笔。

了解了记仇心理产生的原因，当我们遇到有报复行为的人或者觉察到我们自己有报复心理和行为的时候，就会减少焦虑，为进一步缓解这种心理提供了有利条件。那么，如何化解报复心理呢?

一是学会自我转换

当遭受欺侮，自尊心受到伤害时，愤怒会油然而生，甚至怒火中烧。这时，我们可通过自我心理调节加以淡化、转移。比如，转头离开，让你的怒火慢慢平息下来。把注意力转移到自己感兴趣，能感到开心的事情上。你也可以找知心朋友倾诉、请教，以宣泄心理压力，听听他人的评论、劝解，经过冷静理智的反思与调节，可能你心中的火就会不知不觉地熄了一大半。

二是学会理智地交流

有时候，与其把意见憋在心里，不如找机会与对方谈谈话、聊聊天，心平气和地讨论问题，认真倾听对方的声音，找到对方身上值得赞扬的事，然后真诚地回应他。多一些理解，就不会在遇到反驳时暴跳如雷。你还会发现，你跟对方的关系在悄然发生变化。

三是寻找共同话题

如果你了解对方的兴趣爱好、生活经历，那对你们增进彼此之间的了解真是大有帮助。共同话题多了，对方会觉得你就像一个知音，双方的距离也会迅速拉近。在聊天时不带企图心、轻松、不冒进都会让对方放松戒备，对你产生亲近感。这样的关系，还有报复心理可以产生吗？

四是争论问题时不要急躁

人和人的想法不一样，这是很正常的事。哪怕是共同生活数十年的一家人，思维和行动也会有差别，有争论不奇怪，但与人争论不宜急躁。急躁是伤害感情的暗箭，很可能赢得了一场辩论，却输掉了一个至亲好友。

五是专业心理咨询

如果以上自我调节不奏效的情况，可以考虑联系专业的心理咨询，由专业人士帮助你分析双方动因和根本冲突所在，并协助你采取针对性的有效措施化解报复心理，开启人际交往新的良性发展之路。

不要做太能算计的人

算计别人的人，总以为事态在自己的掌握之中。其实，这个过程中的劳心费力，遮遮掩掩，他的心里同样也不舒坦。所有的算计，不过是自己给自己设局下套。做人不要耍小聪明，人太精明了，只会计较得失，失去生活的乐趣。

释迦牟尼在刚开始向世人传教时，曾遇到过许多难以想象的困难和麻烦，有时甚至会受到别人公然的挑衅和人身攻击。但每次他都能够凭借智慧、毅力和人格力量，一次次地克服所面临的困难和挫折，将矛盾化解掉。

一次，释迦牟尼静静地走在大街上，迎面走来了一个婆罗门。婆罗门就是印度教的祭司，对维护本教利益特别积极，因此对佛教十分仇视，几乎到了疯狂的地步。看见释迦牟尼后，婆罗门的怒火顿时旺盛起来，一条毒计涌上心头。他蹑手蹑脚地走到释迦牟尼的背后，抓起一把沙子，想要向释加牟尼头上撒去，好让释迦牟尼当众出丑。没想到天不助他，就在沙土扔出去的那一刻，突然刮来了一阵大风，沙土竟然全部飞向了他，撒得他脸上全部都是。

婆罗门气愤极了，他想要发火，却自知理亏，气得满脸通红。路人看到了刚才的那一幕，都停下脚步，盯着他看。面对这么多的目光，这个狼狈的婆罗门不得不低下了头。

美国心理学家威廉说过，凡是太聪明、太能算计的人，实际上都是很不幸的人，甚至是多病和短命的。据专家研究，工于心计的人90%以上都患有心理疾病。当谈到痛苦的时间和深度时，这些人感觉他们比心思单纯的人承受了更多。换句话说，他们虽然会算计，但日子过得并不好。爱算计的人究竟是什么样的人，过着怎样的生活呢?

太能算计的人，通常也是事事计较的人。无论他们表面上展现得多么大方，他们的内心都已经记下了这笔账。他们首先已经失去了内心的平静，掉在一事一物里纠纠缠缠。而经常失去平静的人，情绪大起大落，容易引起比较严重的焦虑，这样的人算得上过得快乐吗?

爱算计的人在生活中，很难得到平衡和满足。他们算计太多，反而得不偿失，算来算去，只得到了满心的不满和愤恨。他们常与人产生分歧，又不能和别人达成观点和意见一致，内心布满了冲突。

爱算计的人，往往也心胸狭隘。他们每天在大事小情的细节中不能自拔，习惯看眼前而不顾长远。更严重的是，世上千千万万事，爱算计者并不只对某一件事算计，而是对所有事都习惯算计。一点算不准，他们就会生出怨恨、不满，甚至想动用暴力解决问题。

太能算计的人，是因为“求不得”。佛家将求不得列为人生的一大苦楚，这类人拼命为了追求想要的东西，“得不到”成为他们行动的动力。然而，俗话说“人算不如天算”，过分的算计很容易引来祸患，平添麻烦。太能算计的人，必然是经常注重阴暗面的人。他总在发现问题、发现漏洞，处处担心、事事设防，内心总是灰色的。

太能算计的人，眼神里充满了怀疑。他们不肯相信其他人，甚至不相信生活，常常和世界站在对立面。这既是一种不幸，也是一种幼稚的做法。太能算计的人，骨子里流露出贪婪。他们拥有很多的想法，一天不算计人就浑身难受。如果将大把时间和精力都浪费在这上面，生命也变得索然无味。

拥有更广阔的胸怀

有人曾说，世界上最宽阔的是海洋，比海洋更宽阔的是天空，比天空更宽阔的是人的胸怀。在人与人的交往中，难免会产生一些人际冲突。你是心生愤恨，还是一笑而过？一个人是否具有宽广的胸怀，是判断这个人的人品的重要标志之一。如果具备宽广的胸怀，这个人无论何时何地都会受到大家的欢迎。如果这个人心胸狭窄、小肚鸡肠，那么这个人很难拥有良好的人际关系。胸怀是做人的肚量，也是一种境界。宰相肚里能撑船的故事就说明了这一人生哲理：

三国时期的蜀国，有一段时间，也就是诸葛亮去世后，是由蒋琬主持朝政的，他很受朝廷和百姓的爱戴。

曾经，他的属下有一个叫杨戏的人，性格内向，不善言谈。即使是上司蒋琬与他谈话，他一般也只是点头不语。对此，很多人看不惯，甚至在蒋琬面前嚼舌根子："杨戏这人对您如此怠慢，太不像话了！"蒋琬坦然一笑，说："人嘛，各有秉性，他不喜欢在我面前赞扬我，也不喜欢在我面前让我下不来台，所以沉默应该是最好的选择吧。其实，这不正是他的可贵之处吗？"蒋琬的这种气度被后人赞为"宰相肚里能撑船"。

蒋琬的话是正确的，不同的人有不同的秉性，真诚地表达自己，才是为人的可贵之处。世界上的任何人和事，也都没有绝对的是非善恶。宽容别人，就是尊重别人。即使别人犯了什么错，也不要一棍子将人打死，谁没有犯错的时候？

有句话说："谨慎使你免于灾害，宽容使你免于纠纷。"宽容是一种高尚的善意，它能使人换位思考，处理好人际关系。若无宽恕，生命将永远被永无休止的仇恨和报复所控制。只有善于团结，才会得到友善的回报！历代圣贤都把宽恕容人作为理想人格的重要标准而大加倡导。《周易》中提出"君子以厚德载物"，荀子主张"君子贤而能容罢，知而能容愚，博而能容浅，粹而能容杂"。学会了宽容，同样也是学会了处世。人是社会的人，世间并无绝对的好坏，而且往往正邪善恶交错。所以，我们立身处世，有时也要有清浊并容的雅量。佛家有云："精明者，不使人无所容。"我们常说的"得饶人处且饶人"，也是这个道理。事实上，宽容并不代表无能，却恰恰是一个人卓识、心胸和人格力量的体现，即所谓"海纳百川，有容乃大"。

有一天早上，在一所寺庙里，一位法师正好要开门出去。恰巧一个彪形大汉闯进来，狠狠地撞在法师的身上，并撞碎了法师的眼镜。谁知，这个大汉不但没有说道歉的话，反倒说："谁叫你戴眼镜的？"

令大汉奇怪的是，法师不但没有生气，反而笑了笑，不语。于是，他问："喂！和尚，为什么不生气呀？"

法师向大汉解释道："为什么一定要生气呢？生气既不能使眼镜复原，又不能让脸上的瘀青消失、苦痛解除。再说，生气只会扩大事端。若对你破口大骂或打斗动粗，必定会造成更多的业障及恶缘，也不能把事情化解。"随后，法师继续说："若我早一分钟或迟一分钟开门，都会避免相撞，或许这一撞也化解了一段恶缘，还要感谢你帮我消除业障呢。"

大汉听完这一番话后，十分感动。后来，他又问了许多佛的问题及法师的称号。在大师的一番教导之后，他若有所悟地离开了。

事情过了很久之后，一天，法师接到一封挂号信，信内附有五千元钱，正是那位大汉寄的。

大汉为什么要给法师寄钱呢？原来，事情是这样的：大汉在读书时，不知勤奋努力。毕业之后，从事的工作也一直高不成低不就，十分苦恼。结婚后，因为不善待妻子，婚姻生活也不幸福。果然，有一天，他上班时忘了拿公事包，中途又返回家去取，却发现妻子与一名男子在家中谈笑。他冲动地跑进厨房，拿了把菜刀，想先杀了他们，然后自杀，以求了断。

不料，那男子惊慌地回头时，脸上的眼镜掉了下来。瞬间，他想起了法师的教诲，使自己冷静了下来，反思了自己的过错。

现在，他的生活很幸福，工作也得心应手了，妻子也觉得他变了一个人。因此，他特寄来五千元钱，一方面为了感谢法师的恩情，另一方面也请求法师为他们祈福消业。

法师的宽容带给了大汉觉悟，教会他用一颗宽容的心去对待别人。宽容是一条环环相扣的纽带，让我们彼此相连，让我们认清彼此，珍惜生命。宽容不仅需要“海量”，更是一种修养促成的智慧。事实上，只有那些胸襟开阔的人才会自然而然地运用宽容。

在日常生活中，令人烦恼的事情时有发生。有时，不经意间，它都会突然出现在你面前，使你感到不快和厌烦；有时，还有可能在你的心灵深处造成重创，甚至威胁你的生活。

很多时候，我们都需要宽容，宽容不仅是给别人机会，更是为自己创造机会。只有忘记仇恨，宽宏大量，才能与人和睦相处，才会赢得他人的友谊和信任，才会赢得他人的支持和帮助。念念不忘别人的“坏处”，实际上最受其害的就是自己的心灵。

一只脚踩扁了紫罗兰，它却把香味留在那脚跟上。这就是一种胸怀，这是一种修养、一种坦荡、一种豁达。荷兰的斯宾诺沙说过：“人心不是靠武力征服而是靠爱和宽容大度征服的。”宽容犹如一缕阳光，亲切，明亮，使世界呈现出一片美好。

心量越大烦恼越少

从前有座山，山里有座庙，庙里有个年轻的小和尚。他过得很不快乐，整天为了一些鸡毛蒜皮的小事唉声叹气。后来，他对师傅说：“师傅啊！我总是烦恼，爱生气，请您开导开导我吧！”

老和尚说：“你先去集市买一袋盐。”小和尚买回来后，老和尚吩咐道："你抓一把盐放入一杯水中，待盐溶化后，喝上一口。"

小和尚喝完后，老和尚问："味道如何？"

小和尚皱着眉头答道："又咸又苦。"

然后，老和尚又带着小和尚来到湖边，吩咐道："你把剩下的盐撒进湖里，再尝尝湖水。"

弟子撒完盐，弯腰捧起湖水尝了尝。

老和尚问道："什么味道？"

"纯净甜美。"小和尚答道。

"尝到咸味了吗？"老和尚又问。

"没有。"小和尚答道。

老和尚点了点头，微笑着对小和尚说道："生命中的痛苦就像盐的咸味，我们所能感受和体验的程度取决于我们将它放在多大的容器里。"

小和尚若有所悟。

老和尚所说的容器，其实就是我们的心量，它的"容量"决定了痛苦的浓淡，心量越大烦恼越少，心量越小烦恼越多。心量小的人，容不得，忍不得，受不得，装不下大格局。有成就的人，往往也是心量宽广的人，那些"心包太虚，量周沙界"的古圣大德，都为人类留下了丰富而宝贵的物质财富和精神财富。

其实，我们每个人一生中总会遇到许多痛苦，如果你的容器有限，就和不快乐的小和尚一样，只能尝到又咸又苦的盐水。

一个人的心量有多大，他的成就就有多大，不为一己之利去争、去斗、去夺，扫除报复之心和嫉妒之念，则心胸广阔天地宽。当你能把虚空宇宙都宽容在心中时，你的心量自然就能如同天空一样博大。

无论荣辱悲喜、成败冷暖，只要心量放大，自然能做到风雨不惊。

寒山曾问拾得：“世间有人骂我、欺我、辱我、笑我、轻我、贱我、骗我，如何处之？”拾得答道：“只要忍他、让他、避他、由他、耐他、敬他、不理他，再过几年，你且看他。”

如果说生命中的痛苦是无法自控的，那么我们唯有拓宽自己的心量，才能获得人生的愉悦。通过内心的调整去适应、去承受必须经历的苦难，从苦涩中体味心量是否足够宽广，从忍耐中感悟暗夜中的成长。

心量是一个可开合的容器，当我们只顾自己的私欲，它就会愈缩愈小；当我们能站在别人的立场上考虑，它又会渐渐舒展开来。若事事斤斤计较，便把自身局限在一个很小的框框里。这种处世心态，既轻薄了自身的能力，又轻薄了自己的品格。

心量是大还是小，关键在于自己愿不愿意敞开。一念之差，心的格局便不一样。它可以大如宇宙，也可以小如微尘。我们的心，要和海一样，任何大江小溪都要容纳；要和云一样，任何天涯海角都愿遨游；要和山一样，任何飞禽走兽都不排拒；要和路一样，任何脚印车轨都能承担。只有这样，我们才不会因一些小事而心绪不宁、烦躁苦闷。

要有气量，要能容人

为人处世，首先应当提倡“豁达大度”的胸怀。豁达，即性格开朗；大度，即气量宏大。合起来就是说，我们在处理人际关系时，要有气量，要能容人。

气量和容人，犹如器之容水，器大则容水多，器小则容水少，器漏则上注而下逝，无器者则有水而不容。气量大的人，容人之量、容物之量也大，能和各种不同性格、不同脾气的人相处融洽能兼容并包，听得进批评自己的话；也能忍辱负重，经得起误会和委屈。

古语云："大度集群朋。"一个人若能有宽宏的度量，那么他的身边便会集结起很多知心的朋友。大度，表现为对人、对友能"求同存异"，不以自己的特殊个性或癖好律人，唯以事业上的志同道合为交友基础。大度，也表现为能听得进各种不同意见，尤其能认真听取相反的意见。大度，还要能容忍朋友的过失，尤其是当朋友对自己犯有过失时，能不计前嫌，一如既往。大度，更应表现为能够虚心接受批评，一经发现自己的过失，便立即改正；和朋友发生矛盾时，能够主动检查自己，而不文过饰非、推诿责任。大度者，能够关心人、帮助人、体贴人，责己严、待人宽。

气量大，还表现为在小事上不较真，不斤斤计较。人生在世，谁都会碰到这样那样使人不快的小摩擦、小冲突。别人触犯了自己，就犯颜动怒，或者记下一笔"秋后算账"，这样只会把自己孤立起来。私怨宜解不宜结，在处理人际关系时，尤当如此。大事清楚，小事糊涂，不计较小事，这是一种美德。如果朋友之间能够心地坦然，互相信赖、互相谅解，有了意见能及时交换，那么彼此之间即使有些成见也是不难消除的。有些年轻人彼此之间容易结死疙瘩，就是因为心胸狭窄、气量狭小、爱纠缠小事。时间长了，意见变为成见，怨气变为怨恨，感情上就会由格格不入发展到反目成仇。在小事上宽大为怀，不会使你蒙受损失，只会使你受人敬佩。

西汉时的韩信，在年轻潦倒之时，曾有人逼他从胯下钻过去，实在是欺人太甚。后来，韩信被刘邦拜为大将军，不但没将侮辱过自己的人杀掉，反而赏之以金、委之以官，使其大受感动，不仅消除了私怨，其还成了舍命保护韩信的勇士。

韩信这种“以德报怨”的方法，比起有些人一感到被欺负就“针锋相对”“以牙还牙”的做法，实在要高明得多。

一个人的气量是大是小，在心平气和时较难鉴别，而当与他人发生矛盾和争执时，就容易看清楚了。气量宽宏的人，不把小矛盾放在心上，不计较别人的态度，待人随和。而气量狭小的人，则往往偏要占个上风，讨点便宜。还有的人在和别人的争论中，当自己处于正确的一方，成为胜利者的时候，则心情舒坦，较为愿意谅解对方；但当自己处于错误的一方，成为失败者的时候，则往往容易恼羞成怒，耿耿于怀，这也是气量小的一个表现。朋友之间的争论是常有的，一个真正豁达大度的人，不应该因为别人和自己争论问题而对他人耿耿于怀，更不应该因为别人驳倒了自己的意见而恼羞成怒。

宽宏的度量，往往包含在谅解之中。要想见到不顺心的事而不发脾气，就必须养成能够原谅他人的缺点和过失的习惯。待人接物，不能过于苛求，“水至清则无鱼，人至察则无徒”。对别人过于苛求，往往会导致彼此之间难以合作。

豁达的度量，从根本上说是来自一个人宽广的胸怀。一个人倘若没有远大的生活理想和目标，其心胸必然狭窄，就像马克思所形容的那样：“愚蠢庸俗、斤斤计较、贪图私利的人，总是看到自以为吃亏的事情。”眼睛只盯着自己的私利，根本不可能有豁达、宽容的胸怀和度量。“心底无私天地宽。”只有从个人私利的小圈子中解放出来，心里经常装着更远、更大目标的人，才能具备宽广的胸怀，领略到海阔天空的精神境界。

豁达源自一颗宽容的心

无论对谁，都需要多一分宽容，宽容是人们对生命的感恩与尊重，对情谊的难以割舍。宽容是一种美德，我们要有自己的行动，我们要有一颗宽容的心。宽容可以唤醒别人的良知，可以让自己更加坦然。宽容别人，而不是一味地责怪、抱怨，我们将由此收获豁达与尊重。曾任美国总统的福特在大学里是一名橄榄球运动员，身体非常好。他在 62 岁入主白宫时，身体仍然非常结实。当了总统以后，他仍继续滑雪、打高尔夫球和网球。

1975 年 5 月，他到奥地利访问。当飞机抵达萨尔茨堡，他走下舷梯时，皮鞋碰到一个隆起的地方，脚一滑就跌倒在跑道上。他跳了起来，没有受伤。但使他惊奇的是，记者们竟然把他这次跌倒当成一个大新闻，大肆渲染起来。在同一天，他又在丽希丹宫的被雨淋滑了的长梯上滑倒了两次，险些跌下来。

随即，一个奇妙的传说散播开了：福特总统笨手笨脚，行动不灵敏。

自萨尔茨堡以后，福特每次跌跤或者撞伤头部或者跌倒在雪地上，记者们总是添油加醋地把消息向全世界报道。后来，竟然他不跌跤也变成新闻了。

哥伦比亚广播公司曾这样报道说："我一直在等待着总统撞伤头部，或者扭伤筋骨，或者受点轻伤之类的新闻来吸引读者。"记者们如此渲染，似乎想给人形成一种印象：福特总统是个行动笨拙的人。电视节目主持人还在电视中和福特总统开玩笑，喜剧演员切维·蔡斯甚至在《星期六现场直播》节目里模仿总统滑倒和跌跤的动作。

福特的新闻秘书朗·聂森对此提出抗议，他对记者们说：“总统是健康而且优雅的，他可以说是我们能记得起的总统中身体最为健壮的一位。”

“我是一个活动家，”福特说道，“活动家比任何人都容易跌跤。”他对别人的玩笑总是一笑置之。1976 年 3 月，他还在华盛顿广播电视记者协会年会上和切维·蔡斯同台表演过。节目开始，蔡斯先出场。当乐队奏起《向总统致敬》的乐曲时，他“绊”了一跤，跌倒在歌舞厅的地板上，从一端滑到另一端，头部撞到讲台上。此时，每个到场的人都捧腹大笑，福特也跟着笑了。

当轮到福特出场时，蔡斯站了起来，佯装被餐桌布缠住了，弄得碟子和银餐具纷纷落地。蔡斯装出要把演讲稿放在乐队指挥台上，可一不留心，稿纸掉了，撒得满地都是。众人哄堂大笑，福特却满不在乎地说道：“蔡斯先生，你是个非常非常滑稽的演员。”

生活是需要睿智的，如果你不够睿智，那至少可以豁达。以乐观、豁达、体谅的心态看问题，就会看出事物美好的一面；以悲观、狭隘、苛刻的心态去看问题，你会觉得世界一片灰暗。两个被关在同一间牢房里的人，透过铁窗看外面的世界，一个看到的是美丽神秘的星空，一个看到的是地上的垃圾和烂泥。这就是区别。

面对嘲笑，最忌讳的做法是勃然大怒，大骂一通，其结果只会让嘲笑之声越来越高。要让嘲笑自然平息，最好的办法是一笑了之。一个目标坚定的人，不会去考虑别人多余的想法，而是有风度、有气概地接受一切非难与嘲笑。伟大的心灵多是海底之下的暗流，唯有小丑式的人物，才会像一只烦人的青蛙一样，整天聒噪不休！

第五章　敞开心扉，心底无私才会天地宽

别把对方看成假想敌

生活中，有些人总是有意无意地给自己树立一个“假想敌”。有这样想法的人想象力丰富，他们可能会把朋友、情敌、同事，甚至是父母当成自己的竞争者。所谓“假想敌”，实际上根本就不存在，这只是他们内心虚设的一个对手。可就算是虚拟的，他们仍然会花费大量的心理能量来对付这个对手，并且不经意间把这种“斗争”的心理带到现实生活中来，影响自己的生活。

为自己设想出一个假想敌是人们处理内心焦虑和愤怒的最安全、最省力，也是最直接的方式。再中庸的人也会有超出自己价值中立的客观态度，这些态度制造的情绪会让我们感受到很多的喜怒哀乐。

为了让自己的价值感受不到这些无意识愤怒的伤害，为了让自己从整个事件中抽离，只作为弱者存在，从而获得对自我价值的呵护，我们不惜无端地在自己的生活中制造出很多个“假想敌”。当自己周围的朋友、同事毫不知情地成为你无名火的对象，你真应该感谢人家。正是有了这些人的出现，你才有机会让自己的负面情绪得到宣

泄。其实，这些所谓的“敌人”恰好是你内心潜藏已久焦虑的投射，因为恐惧直接面对自己真实的情绪，人们才会把怒火转嫁给他人。

不论是什么年龄、知识背景、经济地位的人，都有可能存在这种迁怒别人的情况。接下来，我们来看一个案例。

张先生曾在美国留学多年，取得博士学位后回国，到某重点高校任教。他回国两三年了，在学术上颇有建树。学校对他也很认可，任命他作为学术带头人。前不久，他更是被破格提升为教授。

虽然成绩斐然，张先生本人却日益感到压力越来越大。他觉得周围的同事都在暗暗和他较量。他们争相搞科研，撰写论文，有的人发表的论文数比他还多。他总觉得人们在背后议论他，说他是靠洋文凭才得到现在的位置，其实水平不过如此。有人胆敢质疑他的学历和学术水平，这是张先生最不能忍受的。他觉得自己被这些没有国外留学经验的同事紧追不放，越来越喘不过气来。

从半年前开始，他发觉自己一到学校就感到心慌、气闷。做学术报告时尤为严重，有几次差点说不出话来，心里希望尽快逃离讲台。然而，在外出游玩时，这些症状从没出现过。张先生担心是自己的心脏出了问题，就去医院检查，却发现心脏功能完全正常。医生在了解情况后，建议他去心理科看看。

其实，张先生的情况并非特例，而是很多成功人士共同面临的问题。事业越发展，他们感受到的压力就越大，自己也越不快乐。追求完美、不断超越他人，是成功者的最大动力。但是，追求卓越到了一定限度，反而会成为个人发展的阻碍，消耗个人的心理和生理能量，最终消磨个人的斗志。

我们看到，案例中的张先生给自己树立了很多假想敌，觉得周围的同事都在与他竞赛，这些人时刻准备着将他拉下学科带头人的位置。这可能是真实的，但也可能是被他放大的假象，是他自己内心世界的投射。

很多成功人士从小就学会了通过树立假想敌来激励自己。他们从学生时代到参加工作，再到成为专家、管理者，每个阶段都有一个“假想敌”。他们从不缺少对手，所以他们的身体时刻处于紧张状态，精神高度戒备，永远准备回答“战斗还是逃跑”的问题，弄得身心俱疲。

表面上看，张先生蔑视同事。其实，心底是惧怕他们的，惧怕自己这个“海龟”还不如没留过洋的人，难以服众。正是这种担心“自己不如别人”的想法折磨着他。张先生的真正敌人不是别人，而是自己内心的恐惧。

那么，从科学的角度来看，“假想敌”是怎样诞生的呢?

首先，可能是当事人的自尊心作祟。我们前面说到，人如果缺少自尊心，就会变得自卑。但要是过量，就会变得异常敏感。这时，他就会觉得身边人都对自己有所威胁。这样一来，他再也无法正视自己和他人的关系，从而影响了自己的工作、感情、亲情、友情等各个方面。

其次，自信心缺失也会让人心生“假想敌”。自信心不足的人，总觉得自己不够优秀，而身边人却处处都比自己强。无论是晋升，还是与人相处，都要忍受这“低人一等”的感觉。当自己能力有限，在学习或工作中发挥得不尽人意的时候，身边的人当然都是碍眼的“竞争者”。

还有一种情况是由于安全感不足。这就导致他并不相信别人，觉得任何人都和自己存在着利益关系。所以，不会以诚相待，处处防着身边人。如此一来，“假想敌”也就产生了。

人们会在环境中感受快乐幸福，并且和家人朋友分享这份感受，这就是心理学里讲的“正移情”。而将自己内心的部分愤怒和焦虑有意无意地转嫁给他人，这便是心理学中的“负移情”。

其实，真正的敌人不是竞争伙伴这么简单。这个概念是基于对国家、民族、信仰的认同和热爱，由此产生出对“敌人”的厌恶和恨。那么，对于“假想敌”的恨是从哪里产生的呢？那就是对自己的爱。因为我们爱自己，所以我们舍不得给自己施加过多的压力。但是，这些事实就摆在那里，这时候怎么办呢？当有一个“假想敌”出现的时候，他就是那个最好的情绪宣泄对象了。你会在他们身上看到自己不愿意正视的内容，从而产生对自己的不满。但是，我们的无意识状态又不允许我们将愤怒发泄给自己。所以，我们会让所有的不满愤怒都宣泄给这个“假想敌”。

说到这里，我们还要感谢这些“假想敌”的出现。正是因为他们，我们才有了审视自己的机会，也才有了鞭策自己成长、提高的动机。也正是因为他们的存在，我们内心当中的一些负面情绪才会有机会得以宣泄释放。要知道，真正的厌恶并不是恨，而是漠视、麻木、视而不见。

那么，有什么好的建议给那些喜欢制造“假想敌”的人呢？

一是意识到“假想敌”的正反效用

选择一个恰当的“假想敌”，或许真的可以帮助我们完善自我：职场的“假想敌”提醒我们要兢兢业业，不断精进；人际关系中的“假想敌”让我们能经常对他人保持必要的敬畏，保持必要的人际界限；亲密关系中的“假想敌”会让我们意识到感情需要保鲜，要不断地完善自我来匹配对方。

如果某个“假想敌”带给你一种被束缚和控制感，并没有带来个人某一方面的发展和进步，反而让自己更加焦躁、郁闷、无助和绝望，消极情绪反而被放大了，那就说明这个“假想敌”变成了一种自我囚禁。

二是走出受害者的悲情状态

喜欢搞“假想敌”的人，大多数都有受害者的心结。在他们看来，外部环境如此险恶，人心如此阴暗，而自己却不得不承受这种糟糕世界的恶意对待。这种不自觉的受害者心态，让他们看不到自己的责任和过失。爱搞“假想敌”的人是不会用科学的态度来判断自己的想法的，反而以自我保护的名义来维持自己的偏见和偏信。

要打破这种自怨自艾的执念，就需要正视个人的想法是否符合实际。只要敢于用事实来检验想法，答案自然清晰明白。

三是完善自我，找对真正的敌人

真正的敌人是个体内心的不安全感。如果要真正消除个体的不安全感，就需要从内心出发。人们一般很难面对个人的内在的阴暗部分，这部分的形成往往与个体早期生活中不愉快，甚至痛苦的经历有关。而“假想敌”具备我们没有的闪光点，以至于让我们不能去欣赏对方，反而产生嫉妒，希望通过竞争加以毁灭。

而要想与“假想敌”在内心里讲和，我们需要调整自己的心态，通过对知识、才学、人格、人际关系等方面的自我提高，来协调与外部环境的关系，建立与周围人更为友善的关系，才能真正走出四面楚歌的内心交战。

克服猜疑心理

从心理学角度讲，猜疑心理是常见的心理之一，猜疑心理是人性的弱点之一。疑心重的人思虑过度，凡事都往坏处想，他们捕风捉影，断章取义，把自己和对方都弄得十分紧张，导致沟通无法进行。

正如培根所说："猜疑之心犹如蝙蝠，它总是在黄昏中起飞。这种心情是迷陷人的，又是乱人心智的，它能使你陷入迷惘，混淆敌友，从而破坏人的事业。"

前面我们举过《三国演义》中曹操的例子，小说把他描写成一个心胸狭隘的人，其实，他的疑心病也非常地重。

要说曹操有多喜欢猜忌人，那可以从他的发迹说起。那次经历将他的品性表露无疑，从此让天下人都对他这个人有了一个最初的判断，也算是他人生的一个污点。

当时，曹操正在逃亡路上，后有追兵一路追赶。情急之下，他索性躲到了一个农户家里。恰好那个农户就是他的同乡，看到曹操来了，农户十分开心，他好心招待了曹操。然而，曹操并没有将自己此行的真实原因说出来，他谎称自己是偶然经过，还隐瞒了自己的真实身份和意图。

农户自然是没想那么多，安顿好曹操，两个人开始聊天。他们聊了很多事，直到中午，才发觉已经是这个时候了，农户想准备点好吃的东西给曹操吃。于是，就跑到了自家的后院，将自己的那头猪给赶了出来。他让曹操休息一会儿，等自己做好了饭再来叫他吃饭。曹操在屋内小睡了一小会儿，睡眠中突然惊醒。原来，他听到了一阵磨刀的声音。

他以为是追兵赶到了，连忙爬了起来。他轻手轻脚地走到门前，透过门缝向外窥探，只见是农户正在磨刀。曹操的脑子转得飞快，他认为一定是农户发现了自己的真实身份，想要将他杀了，然后再去领赏的。这一下可是让曹操杀心顿起，他觉得因为是同乡就放松了警惕，这可是足以致命的错误。想到自己一路奋斗，他可不想就这样被人夺去了性命。这样想着，他决定不能就这样坐以待毙，必须先下手为强，在农户杀他之前，先杀死他。打定了主意，曹操提剑走出门，一剑杀死了农户。杀完人，他准备继续逃命。没想到，农户的家人恰巧看到了这一幕，于是大吵大嚷起来。更糟糕的是，曹操看到了农夫身边的猪，意识到自己是误会了人家，杀错了人。可即便是这样，他依然一不做二不休，冲进屋内，将农夫的家人全部都杀了，然后戴起头巾，逃命去了。可怜的农夫就这样因为曹操的猜忌心理被杀了！

猜疑心理表现在交往过程中，叫做“自我牵连倾向太重”。就是说，一个人总觉得其它什么事情都会和自己有关，对他人的言行过分敏感、多疑。

有的人有这么一种病态心理，本来没有他的事，可他总是卷入到某个事件或冲突中去。例如，有一个学生告诉心理医生，他们年级在做心理学实验时，发现丢了实验仪器，可能是被某个学生顺走了。事后，辅导员仔细搜查了一番，仍无下落。

后面事情的发展才叫稀奇，不知道什么原因，他们认为是这个学生偷的。于是，他在接受询问时支支吾吾，弄得嫌疑非常大。其实，他根本没有偷拿仪器。整件事让这个学生十分苦恼，他不知道自己哪儿出问题了。这究竟是什么缘故呢？从心理学角度来分析，这就是

“自我牵连倾向”的具体表现。

有这种倾向的人总是在意与自己完全无关的外界事物，把它们视为同自己有某种关联。人们都具有某种程度的自我牵连倾向，正因为有这种特征，人才能保持对客观事物的敏感性，促使人们去探索客观事物的意义，分析其间的因果关系，决定自己如何行动。

如果没有这种特征，人要进行正常的社会活动，那是不可想象的。但是，如果这种自我牵连倾向过分发展，就可能导致对某些事件做出歪曲的判断。心理学家的研究证明：发生过分的自我牵连倾向有三类原因。

第一是自尊心遭受过挫折，诸如晋升失败、失恋、爱人出轨、受到严厉的批评等，从而引起自卑，也就对周围的人和事格外在意。第二是性格多疑，即所谓“猜疑性人格”。带有这种人格的人在遇到困难时，往往表现为过分敏感，产生种种疑虑。第三是有某种精神或躯体上的弱点。比如，自身行为与社会普遍认知不符的，他们往往感到有亏心事，非常害怕别人议论自己。那些有私生子或身体有缺陷的人，也是格外在意别人的评价。这些因素往往加强了“自我牵连”的作用，引起许多猜疑。

任由“自我牵连倾向”无限发展，会影响人的心理健康，给工作和学习带来损失。我们应该学会自我控制，避免这类病态心理的产生。

首先，要强化心理素质。就是说，要加强个人道德情操和心理品质的修养，净化心灵，提高思想境界，拓宽胸怀，以此来增加对别人的信任度，排除不良心理的干扰。

其次，摆脱错误思维方法的束缚。猜疑一般总是从“假想敌”

开始，最后又回到假想目标。要想摆脱这种错误思维方法的束缚，就要跳出思维的怪圈，扩展思路，走出“先入为主”的死胡同。得不到自我证实，又无法自圆其说，猜疑之心自然也就消失了。

接下来，你可以敞开心扉，增加心灵的透明度。猜疑往往是人给自己的心理上了锁，设置了心理屏障。只有敞开心扉，将心灵深处的猜测和疑虑公之于众，或者面对面地与怀疑对象来一次开诚布公的谈话，把深藏在心底的疑虑拿出来“晒一晒”，增加心灵的透明度，才能增进彼此之间的了解和沟通、增加相互信任、消除隔阂、排除误会。

最后，无视小道消息和流言蜚语。猜疑往往在传话人的煽风点火中越烧越旺，这才让普通人逐渐失去理智、变得多疑、狭隘、患得患失。因此，当你再听到有人传播留言，千万要先冷静，谨防受骗上当。必要时，还可以当面指责和揭露。

计较太多，反而失去更多

我们平时斤斤计较于事情的对错、道理的多寡、感情的厚薄。其实，在理智者的眼里，这种认真算不得真正的认真，只能算是计较。人应该少一些计较，多一些学习和思考，那么就会自然看淡得失、看淡忧喜。让心宽一点，脚下的路就会宽出来很多。只要保持一个健康淡泊的心态，人生每天都会简单、自然和新鲜。

有一个寓言讲的是上帝带一个人参观天堂和地狱。那里每个人都拿着一把长柄勺子，舀起来的食物并不能送进自己嘴里。在地狱里，每个人都去抢别人的勺子喂给自己，结果就是打作一团，谁也没吃到东西。而天堂里则是每个人舀起食物，送到别人嘴里，这样大家反而都有的吃。参观的人说了一句话："原来这就是'人人为我，我为人人'啊!"这个故事告诉我们，相互合作，多为别人着想，你得到的也会更多。

这种行为在心理学上有专有名词，叫"相互回报心理"，也叫"相互回报行为"。它是指人们相处在社会中，往往会喜欢那些他自认为喜欢他的人，讨厌那些自认为讨厌他的人，这样彼此有好感的人在一起，就会更加亲密。

相互回报行为有两层含义。一方面，积极的相互回报行为，有助于人们相互关心、相互爱护、相互帮助、相互支持，有助于领导班子的团结和人际关系的和谐。另一方面，我们应对消极的相互回报行为予以警惕。

付出感是每个人与生俱来的一种补偿心理，但不代表这就是正确的。往往要顺着天意做事，逆着个性做人，我们才能拥有更加精彩顺遂的人生。在婚姻关系中，为彼此付出本来是一件幸福的事，但度掌握不好，反而会禁锢对方，谋杀了婚姻。对于"付出感"而言，你不能决定对方是否接受你的付出，但你可以决定是否要付出或者停止自己的付出。不应让付出感影响到你的人际关系，全然的投入去爱自己身边的人，因为有机会为了自己热爱的一切付出，这本身就是最大的幸福。

喜欢付出的人也分为几类，他们各自有自己的出发点。第一种是自我意识不够强的人。这类人会在两性关系中处于依附的地位。他们经济上不够独立，情感上或者心理上过于依赖对方。一旦进入婚姻，容易完全放弃自我，全身心付出。第二种是过于追求完美者。这类人把自己的需求放在第一位，自己做了事情或者有所付出后，会希望得到对方相关的反馈。人与人相处，都是期待像你对待他一样回应你。可现实的情况恰恰相反，变成了你希望怎么对待别人，就希望别人也如此对你。如果得不到相应期望，就会大为恼火。第三种人是自我价值感低的人。这类人属于“讨好型”人格，希望通过自己的付出，让所有人都满意。这类人往往是童年时缺少父母的爱，于是察言观色、迎合他人就成为他们的生存法则。因此，这类人主导性会比较差，容易盲从他人，丧失自我。

一是亲情中的付出让人喘不过气

生活中，经常看到这样的一幕：天冷了，母亲特意从家里把衣服带到学校，怕孩子着凉。孩子不愿意，觉得自己穿这些已经够保暖了。但母亲不高兴了，于是使出了杀手锏：“你以为我乐意走几里的路给你送衣服过来吗？我还特意跟公司请假，工作上的事情都没有做完，就是为了来给你送衣服，你居然不领情。你不穿，冷的又不是我。我是爱你、关心你，才愿意为你付出。要是我不爱你，才不会这样对你。”

即便是我们长大后，这样的声音也不绝于耳：“你要是坚持跟某某结婚，我就当没有你这个孩子。”“你去那么远的地方工作，我们老了怎么办？这个孩子真是白养了！”“你要是还认我，就乖乖听我的话。”

无论内容是什么，其中心思想归根结底就是，因为我付出了这么多，所以你一定要听我的。毋庸置疑，每个做父母的都是爱孩子的。可有时候，就是这种沉甸甸的压得人喘不过气的爱让无数孩子不顾一切地想要逃离。

二是别在爱情中迷失自我

美剧《欲望都市》里的夏洛特，遇到了她眼里接近完美的男人。遗憾的是，那个完美先生是个犹太教徒。当他的母亲去世前，明确表示，儿子今后必须娶一个信犹太教的女人。

夏洛特原本是虔诚的基督徒，考量再三，她决定为了爱情放弃信仰，从此加入犹太教。但是，她心底的愧疚和委屈并没有在她扔掉圣诞树的那一刻消失殆尽。

复活节那天，她约了闺密，大家手忙脚乱地忙碌了一整天，准备了一顿犹太教复活节大餐。

她满心欢喜地希望得到她的完美先生的夸赞。事实上，完美先生回家后也确实特别感动。但在吃饭的时候，他随手打开了电视看球赛。于他，这只是一个习惯性动作，却让夏洛特爆发了："我为你放弃了上帝，放弃了圣诞节，我花了一整天，给你准备我完全不熟悉的复活节晚餐，你却要继续看这场该死的球赛!"

完美先生从没见过夏洛特如此歇斯底里的样子，愤然离席。藏在夏洛特心底的付出感，让她失态地对着自己深爱的男人咆哮。

每个成年人都应该为自己的选择买单，而不是时刻把"我为你付出了多少"挂在嘴边，这是在利用人们的内疚感，在进行赤裸裸的道德绑架。一次两次也许管用，时间久了，这种沉重的爱只会让人想要逃离。

三是掌握好友情中的付出

如果把交朋友这种需要真诚付出的事变成一场利益交易，把为朋友做过的事都放在天秤上去称，一点点清算对方的回报，一旦缺斤少两，便立刻去催账，这真的算不上真正的友谊。

初入社交圈中的人很容易犯的一个错误，就是“剃头挑子一头热”，以为自己全心全意地为对方付出，会使关系更融洽、密切。但事实并非如此。心理学家发现，你对别人太好了，就形成了人际交往中的“过度投资”，结果反而会对自己不利。

那么，为什么不能无休止地对别人好呢？这是因为，对一个有劳动能力，理智健全的人来说，独立和付出是个性成长的需要。人际关系中如果不能相互满足某种需要，那么这种关系维持起来就比较困难。

心理学家霍曼斯曾提出，人与人之间的交往本质上是一种社会交换，这种交换同市场上的商品交换所遵循的原则一样，就是希望在交往中，得到的不少于所付出的。

正因如此，虽然人有自私的本性，不希望得到的少于付出的，但出于互惠效应，如果得到的大于付出的，也会让人心理失去平衡。因为这会使人感到无法回报或没有机会回报对方，而在心里感到愧疚，感到欠对方的情。这种心理负担会使受惠的一方只好选择疏远。

学会向他人敞开心扉

作家刘墉曾经这样描述心扉：“假使心有扉，这心扉必是随着年龄而更换的。十几岁的心扉是玻璃的，脆弱而且透明，虽然开着，但是里面的人不断向外张望，外面的人也能窥视门内。二十几岁的心扉是木头的，材料讲究，而且雕饰漂亮，虽然里外隔绝，但只要爱情的火焰，就能将之烧穿。三十几岁的心扉是防火的铁门，冷硬而结实，虽然热情的火不易烧开，但柔情的水却能渗透。四十几岁的心扉是保险金库的钢门，重逾千斤且密不透风，既耐得住火烧，也不怕水浸，只有那知道暗码，备有钥匙的人，或了不得的神偷，才能打得开。”

有的人即使人到中年，依然喜欢向朋友敞开心扉，而且是毫不隐瞒，坦坦荡荡。敞开心扉可以化敌为友，也可以广交朋友。敞开心扉可以抛却烦恼，永葆青春。

你和对方的关系如何，就决定了你该和他说些什么话。那些一见面便和你说“掏心窝子”话的、自称为挚友的人，大多数是逢场作戏。泛泛而谈谁不会，可不了解你的人，就算你说得再多，对方也不会想去了解。而真正了解你、听得进你话的人，不用你多说，他们自然懂你的意思。

遗憾的是，很多夫妻、伴侣，终其一生，都未能走入对方的内心。当然，一个坦然表露心理、积极分享自己内心世界的人是不多见的。因为从小，当我们还是天真无邪、完全不设防的孩子的时候，被其他人不断地伤害，让我们每个人都有了一套自己的防御机制，让我们内在形成了一个被压抑的、任性的、自私的孩子。平常我们装模作样，假装自己是个大人，为人处事有章法、有条理、有理性。可是，一旦情绪爆发的时候，这个孩子就跳出来肆无忌惮地搞破坏、任性吵闹、自以为是，留下一堆烂摊子，让成年的我们在羞愧和自责的情绪中收拾残局。

想要走进一个人的内心，最重要的就是要能够接纳他的这个内在小孩。尤其是当他开始跟你分享一些心里的事情的时候，你的态度是什么。是批评指责？是嘲笑？还是不在意？另外一种最糟糕的反应方式是给出建议，提出解决方案，让对方反而有下不了台的感受。

其实，最好的态度就是以非常理解的方式去倾听，什么都不用说，只要同理对方的感受就好。同理的表达其实很简单，有的时候只要重复对方说的话就可以了。当然，适当的时候你可以回应说：“哦，那样真的很残忍。”“哦，那样真的挺令人难过的。”“哦，这样啊，难怪让人不舒服。”你不用去加重他的感受或是为他的情绪命名，除非他自己说出来了。否则，他可能立刻会采取防御机制说：“哦，没有啊，我不难过。”“没什么不舒服。”“不也就这样吗？”

你改变了，你周围的人也会改变。另外一种走进别人心里的方式，就是对自己和对方绝对的诚实。诚实是会传染和影响的，如果你能够打开自己的心，分享自己的脆弱和最真实的一面，对方也能够如此回应，这个就要靠修炼自己的功夫了。你是否愿意面对自己内在那个脆弱的、无助的、卑鄙的、嫉妒的、自私的小孩？他只是你的一个面向，你越是愿意去承认他、拥抱他，并且给他一个合法的位置在你的心里，就越能够消融他，不让他做你的主人。

另外，不要只是满足对方外在的需求，那是最容易被取代的。如果你能够知道对方的喜好，我们说投其所好，这是很重要的。所以，生活中，带着意愿去理解他、观察他，并且有觉知、有意识地去满足他内在的需求，是很重要的。一般来说，每个人的内在需求就是被理解、被接纳、被认可，尤其是在他做错事的时候，如果能够宽容的原谅，那对方的感激不是用言语可以来形容的。

眼睛不要只看别人的短处

每个人都有可取的一面，也有不足的地方。与人相处，如果总是苛求十全十美，那么永远也交不到真心的朋友。在这一点上，曾国藩早就有了自己的见解。他曾经说过："概天下无无瑕之才，无隙之交。大过改之，微瑕涵之，则可。"

大意是，天下没有一点缺点也没有的人，没有一点罅隙也没有的朋友。有了大的错误，要能够改正，剩下小的缺陷，人们给予宽容，就可以了。

当年，曾国藩在长沙读书。有位同学性情暴躁，对人很不友善。当时，曾国藩的书桌是靠近窗户的。那位同学说："教室里的光线都是从窗户射进来的，你的桌子放在了窗前，把光线挡住了，这让我们怎么读书？"

曾国藩也不与他争辩，搬着书桌就去了角落里。曾国藩喜欢夜读，每每到了深夜，还在用功。那位同学又看不惯了："这么晚了还不睡觉，打扰别人的休息，别人第二天怎么上课啊？"

曾国藩听了，不敢大声朗诵了，只在心里默读。一段时间之后，曾国藩中了举人。那人听了，就说："他把桌子搬到了角落，也把原本属于我的风水带去了角落，他是沾了我的光才考中举人的。"别人听他这么一说，都为曾国藩鸣不平，觉得那个同学欺人太甚。可是，曾国藩却毫不在意，还安慰别人说："就让他说吧，不要与他计较。"

凡是成大事者，都有广阔的胸襟。他们在与别人相处的时候，不会计较别人的短处，而是以一颗平常心看待别人的长处，从中看到别人的优点，弥补自己的不足。如果眼睛只能看到别人的短处，那么这个人的眼里就只有不好和缺陷，而看不到别人美好的一面。

在生活中，每个人都可能跟别人发生矛盾。如果一味地跟别人计较，就可能浪费自己的很多精力。与其把自己的时间浪费在一些鸡毛蒜皮的小事上，不如放开胸怀，给别人一次机会，也可以让自己有更多的精力去做更多有意义的事情。

一位在山中修行的禅师，在夜色中到林中散步。在皎洁的月光下，他醒悟了很多。他喜悦地走回住处，看见自己的茅屋遭小偷光顾。禅师怕惊动小偷，一直站在门口等待。他知道，小偷一定找不到任何值钱的东西。

找不到任何财物的小偷要离开的时候，在门口遇见了禅师。正要说什么时，禅师说："你走那么远的山路来探望我，总不能让你空手而回呀！夜凉了，你带着这件衣服走吧！"说着，就把衣服披在小偷身上。小偷不知所措，低着头溜走了。

禅师看着小偷的背影穿过明亮的月光消失在山林之中，不禁感慨地说："可怜的人呀！但愿我能送一轮明月给他。"

禅师目送小偷走了以后，回到茅屋赤身打坐。他看着窗外的明月，进入空境。第二天，他睁开眼睛，看到他披在小偷身上的外衣被整齐地叠好，放在了门口。禅师非常高兴，喃喃地说："我终于送了他一轮明月！"

面对小偷，禅师既没有责骂，也没有告官，而是以宽容的心原谅了他，禅师的宽容和原谅终于换得了小偷的醒悟。可见，宽容比强硬的反抗更具有感召力。

我们与别人发生矛盾时，总想着与别人争出高低来。但是，往往因为说话的态度不好，使得两个人吵起来，甚至大打出手。

其实，牙齿哪有不碰到舌头的。很多事情忍耐一下，也就过去了。有些矛盾的产生，别人也不一定就是故意的。我们给予他宽容，他可能会主动认识到错误，也给自己减少了很多麻烦。

用沉默来应对诽谤

所谓“夫大道不称，大辩不言，大仁不仁，大廉不谦，大勇不忮。道昭而不道，言辩而不及，仁常而不成，廉清而不信，勇忮而不成”，这句话的意思是指，至高无上的真理是不必称扬的，最了不起的辩说是不必言说的，最具仁爱的人是不必向人表示仁爱的，最廉洁方正的人是不必表示谦让的，最勇敢的人是从不伤害他人的。真理完全表露于外就不算是真理，逞言肆辩总有表达不到的地方，仁爱之心经常流露反而成就不了仁爱，廉洁到清白的极点反而不太真实，勇敢到随处伤人也就不能成为真正勇敢的人。

能具备这五个方面的人，可谓是真正了悟了做人之道。所谓是真理不必称扬，会做人不必标榜。真正有修养的人，即使在面对诽谤时也是极具君子风度的。沉住气，以坦然心境面对诽谤，古往今来，能做到这点的也不乏其人，但能达到像白隐禅师这种境界的，则恐怕是凤毛麟角了。

有位修行很深的禅师叫白隐，无论别人怎样评价他，他都会淡淡地说一句：“就是这样吗？”

在白隐禅师所住的寺庙旁，有一对夫妇开了一家食品店，家里有一个漂亮的女儿。无意间，夫妇俩发现尚未出嫁的女儿竟然怀孕了。这种见不得人的事，使得她的父母震怒异常。在父母的一再逼问下，她终于吞吞吐吐地说出“白隐”两字。

她的父母怒不可遏地去找白隐理论。但这位大师不置可否，只是若无其事地答道：“就是这样吗?”孩子生下来后，就被送给白隐。此时，他的名誉虽已扫地，但他并不以为然，只是非常细心地照顾孩子——他向邻居乞求婴儿所需的奶水和其他用品，虽不免横遭白眼，或是冷嘲热讽，但他总是处之泰然，仿佛他是受托抚养别人的孩子一样。

事隔一年后，这位没有结婚的妈妈终于不忍心再欺瞒下去了，她老老实实地向父母吐露真情：孩子的生父是住在同一幢楼里的一位青年。

她的父母立即将她带到白隐那里，向他道歉，请他原谅，并将孩子带回。

白隐仍然是淡然如水，他只是在交回孩子的时候，轻声说道：“就是这样吗?”仿佛不曾发生过什么事；即使有，也只像微风吹过耳畔，霎时即逝！

白隐为给邻居女儿以生存的机会和空间，代人受过，牺牲了为自己洗刷清白的机会，受到人们的冷嘲热讽。但是，他始终处之泰然，只有平平淡淡的一句话——“就是这样吗?”

在现实生活中，口舌之交是人际沟通中最重要的一种方式。在这个沟通过程中，言来言去，难免有失真之语。诽谤就是失真言语中的一种攻击性恶意伤害行为。俗语云：“明枪易躲，暗箭难防。”也许，在很多时候，诽谤与流言并非我们所能够制止的，甚至是有人群的地方就有流言。而我们对待流言的态度则显得尤为重要，正如美国总统林肯所说：“如果证明我是对的，那么人家怎么说我都无关紧要；如果证明我是错的，那么即使花十倍的力气来说我是对的，也没有什么用。”

当诽谤已经发生，一味地争辩往往会适得其反，不是越辩越黑便是欲盖弥彰。还是鲁迅先生说得好：“沉默是金。”的确，对付诽谤最好的方法便是保持沉默，让清者自清而浊者自浊，这才是明智的选择。

武则天称帝后，任命狄仁杰为宰相。有一天，武则天问狄仁杰：“你以前任职于汝南，有极佳的表现，也深受百姓欢迎。但却有一些人总是诽谤诬陷你，你想知道详情吗?”狄仁杰立即告罪道：“陛下如认为那些诽谤诬陷是我的过失，我当恭听改之；若陛下认为并非我的过失，那是臣之大幸。至于到底是谁在诽谤诬陷，如何诽谤，我都不想知道。”武则天闻之大喜，推崇狄仁杰为仁师长者。

做人难，难在如何面对诽谤诬陷。狄仁杰被认作是武周一代名臣，是很有道理的。从这段文字中，我们也可以窥出几分。俗话说：“流言止于智者。”真正有智慧的人是不会被流言中伤的，因为他们懂得用沉默来对待那些毫无意义的流言诽谤。鲁迅先生曾经说过：“沉默是最好的反抗。这种无言的回敬常能使对方自知理屈，自觉无趣，获得比强词辩解更佳的效果。”

为人处世，面对毁谤不需要汲汲务求去澄清，只需要自己心境坦荡，谣言毁谤自然不攻自破。

沉住气，用沉默来应对诽谤，让浊者自浊、清者自清，诽谤最终会在事实面前不攻自破。这是我们从圣人的思想中撷取的智慧之花。

在现实生活中，做人拥有“不辩”的胸襟，就不会与他人针尖对麦芒，睚眦必报；拥有“不辩”的情操，友谊永远多于怨恨。

多交朋友，少结冤家

当你面对一个敌人的时候，你所面临的将不只是一个敌人，你所感受到的威胁将十倍百倍于他实际上给你的威胁。而当你用友情感动了一个敌人，使他成为你的朋友的时候，你所得到的也将不只是一个朋友，你所感受到的快乐也将十倍百倍于他实际给你的快乐。由两个势不两立的敌人变为互相谅解的朋友之后，不但有一种如释重负的轻松，而且可以互通有无，共同成就事业。

唐代大将郭子仪、李光弼二人原本在节度使史思顺手下当差，但二人长期不和，甚至到了水火不容的地步。

史思顺外调，郭子仪因才华出众而被任命为节度使。李光弼担心郭子仪公报私仇，欲带兵逃走，但又有点犹豫不决。当安禄山、史思明发动叛乱时，唐玄宗命郭子仪领兵讨伐。身为大将，此时正是报效国家的时刻。李光弼找到郭子仪说：“我们虽共事一君，但形同仇敌。如今你大权在握，我是死是活，你看着办吧！但恳请放过我的妻儿。”

营帐里的气氛顿时凝固起来，众多将领不知所措。在这种情形下，如果郭子仪感情用事，后果将不堪设想。但郭子仪毕竟有大将风度，他握住李光弼的手，眼含热泪地说：“国难当头，皇上不理朝政。作为臣子，我们怎能以私人恩怨为重，而置国家安危于不顾呢?”说完，倒地便拜。

李光弼被郭子仪的诚心所感动，他在战斗中积极出谋划策，打败了叛军。郭子仪推荐李光弼当上了节度使。后来，李光弼的权力日益增大，与郭子仪同居将相之职，二人之间没有半点猜忌之心。

这是一个皆大欢喜的结局，不仅因为郭子仪的虚怀能容、宽广能恕，更因为诚心感动了他人而获得双赢。就像廉颇与蔺相如的关系一样，郭子仪与李光弼的友谊也成了千古佳话。

可见，不计前嫌、克己让人、以德报怨，是中国人在处理人际关系时常常采用的一种好方法。但是，如果没有与人为善的愿望，没有博大的胸怀、豁达的胸襟和宽容的气度，是很难做到这一点的。

在现代社会中，倡导竞争机制，这就使得许多人成为你的竞争对手。如果和这些人只是偶然相处倒也罢了，问题是有时你会被迫长时间和他们交往、相处和共事。在这种情况下，你的烦恼是可想而知的。如何对付这些对手，的确需要一些艺术。

20世纪初，美国有一个年轻商人兼政治活动家叫皮亚，他对一位知名大企业家汉拿非常不满意，甚至接连两次拒绝与他见面。

那时，汉拿即将成为某政党的政治领袖。但是，在年轻的皮亚看来，汉拿只不过是个“坏蛋”，一个地方上的“党魁”罢了。他每次看见报上对汉拿的称颂，没有一次不摇头痛骂。

后来，汉拿的朋友对他说：“你最好还是和皮亚好好谈一次，消释彼此的意见。”于是，在一个拥挤的旅馆客房里，汉拿被引到一个沉静的穿灰外套的青年面前，那人坐在椅中并没有主动问候进来的人。

待友人介绍“这位就是皮亚先生……”之后，汉拿对来访者说了很多话。

出乎皮亚意料的是，汉拿对于他的事情了如指掌，他谈了许多关于他父亲担任法官的事情、关于他伯父的事情以及关于他自己对于政治纲领的意见。汉拿说：“哦。你是从奥马哈来的吗？你的令尊不是法官吗……”年轻的皮亚不免吃惊了。汉拿又说：“哦，有一次你父亲曾帮助我的朋友在煤油生意上挽回了一大笔损失呢……”说到这里，汉拿突然冒出一句感慨：“有许多法官知识渊博、思维敏捷，他们的能力远远胜于普通的企业家。”接着又说：“你有一位伯父在哈斯顿吗？让我想一想……现在你能对我说说，你对于那些政治纲领还有什么意见？”

此时，皮亚已完全改变了对汉拿的看法。他像面对一个自己熟悉的朋友一样，与他侃侃而谈，气氛轻松和谐。就这样，汉拿以他宽广的胸怀和平易近人的态度结交了一个新的忠诚的朋友。

从此以后，皮亚最大的兴趣就是与这个他曾经非常憎恨的汉拿做朋友，并且忠心耿耿地为他服务。

事实上，在生活与工作中，我们也许并没有真正的对手。如果有的话，只是因为你的处世水平还不够高。那些处世水平高的人，善于与难以相处的人结交朋友。这样一来，不但可以提高自己的声誉，博得心胸宽广的美名；更重要的是，他积累了别人难以得到的人脉资源，为自己事业的发展开拓了无限宽广的道路。

很多时候，我们之所以会树敌，是因为不了解对方所致，因而在无意间冒犯了对方。所以，只要能了解这一点，有效避开“地雷”，不闯入对方的禁区，彼此就可保持友好的关系。

中国有句俗话叫：“冤家宜解不宜结。”许多人从亲身经历中体会到：多一个朋友多一条路，少一个仇人少一堵墙。以德报怨，化怨恨为友爱，减少对立者，广交天下友，将有助于我们创造一个和谐融洽的环境和氛围，以开辟通向成功事业的宽阔人生之路，使我们活得轻松愉快，活得充实而有意义。

不要计较眼前的得失

“塞翁失马，焉知非福。”很多时候，我们在失去的时候就意味着收获。把吃亏当作占便宜，不因小事而斤斤计较的人终将有更大的收获。而那些不肯吃亏的人，往往会因为斤斤计较吃更大的亏。

不要因为吃一点亏而斤斤计较，开始时吃点亏，实为以后的不吃亏打基础，不计较眼前的得失是为了着手于更大的目标。

某酒店开业不到3个月，即闻名当地。这个酒店规模并不大，而且装修也并不是很精美，何以如此得人心呢？有人专门去此店探查究竟。走进店里，老板忙得来不及招呼他，请他自己先找一个座位坐下。他等了一会儿，还不见服务员送菜单过来，便吆喝起来。这时，老板娘走过来了，告诉他本店没有菜单，问他今天胃口怎么样，想吃点什么。这位顾客说，他胃口很好，想多吃点荤菜。于是，老板娘热情而又诚恳地给他提出建议，仿佛亲人的口气：“你的体态较胖，身体肯定不太好。所以，我建议你今天不能吃太多肉，应该用些清淡的素菜来搭配，荤菜应尽量少吃。”同时，给他推荐了几样清淡可口的小菜，价钱都不贵。这位顾客感到很疑惑。旁边的人告诉他，老板娘之所以不设置菜单，是因为要根据客人的身体状况和健康状况来帮助他们选择吃什么样的菜。总之，要让客人吃到最合适的和最健康的菜。这位顾客恍然大悟，终于明白了此店之所以红火的原因。

老板娘的秘诀在哪儿呢？从顾客的利益出发，进行温情服务，真正把顾客的需求放在心上，给顾客提供最满意的服务。他们似乎并没打算为自己赢多少利，但是他们实际上做到了，而且越做越成功。在现实生活中，很多成功的生意人之所以能获得今天的财富，就是因为他们始终秉承着这样一个理念：赚钱从吃亏开始。

那些总是害怕自己吃亏的人，最终什么也得不到。在现代社会，很多人都是在吃了不少亏之后，才逐渐取得事业的成功与辉煌的。对一个渴望成功的人来说，要敢于吃亏、善于吃亏。这不仅是一种胆识，还是一种风度，更是一种智慧。

有个年轻人，大学毕业后进入出版社做编辑。他的文笔优美，工作也很负责。那时，出版社正在进行一套丛书的编辑，每个人都很忙，但老板并没有增加人手的打算。于是，编辑部的人也被派到发行部、业务部帮忙。但整个编辑部只有那个年轻人能随时接受老板的调遣，其他人都不愿意帮忙。

这个年轻人说："吃亏就是占便宜！"

事实上，他做的工作似乎是费力不讨好，他要帮忙包书、送书，像个苦力一样。后来，他又去业务部，参与直销工作，包括取稿、跑印刷厂、邮寄……只要有人开口要求，他都乐意帮忙。

两年过后，他自己成立了一家出版公司，公司经营得有声有色。

原来，他是在"吃亏"的时候，把出版社的编辑、发行、直销等工作流程都摸熟了，他成了这方面的行家里手。

现在，他的公司规模越来越大。但他仍然抱着这样的态度做事：对作者，他用吃亏来换取信任；对员工，他用吃亏来换取他们的积极性；对印刷厂，他用吃亏来换取品质……

这个年轻人，的确很值得人敬佩。但是，在现实生活中，有几个人可以做到呢？很多人只想占便宜，不肯吃亏，那怎么可能做出成绩呢？

很多人在刚刚找到一份工作时，就对自己抱有过高的期望，希望自己得到重用，希望别人都尊敬自己，希望薪水可以拿得很高。但必须知道，这一切得来不易，需要付出一定的努力和代价。

首先，不要期望你的同事一开始就对你笑脸相迎，帮你做这做那。要知道，你是新来者，不管你的学历有多高，人有多聪明，这份工作对你来说都是陌生的，比你先来的同事就是你的老师。你要礼貌地对待他们，多用一些礼貌用语，包括所有的同事。你不能小看那些看上去职位不高，好像对你没有帮助的同事。尽量帮他们多做一些事情，多向他们请教问题。尽管他们对你的态度有可能不好，但你要认识到这只是暂时的。你的热情正直和你的不平凡业绩最终会为你赢得别人的尊重和信任。

其次，尽管你被安插在一个不起眼的职位上，你的薪水很少，你做的活很烦琐很粗糙，你觉得自己干这些活简直是大材小用，但你也要坚持干下去，并把它们都做好。如何让老板对你的工作能力产生信心呢？据有经验的“过来人”介绍：“这完全体现在刚开始工作的那些所谓的杂活里。虽然不是很起眼或者很重要的工作，但你仍然要努力完成，这其实就是在给你自己加分。”如此看来，老板一开始安排的工作也许是“小儿科”，但作为新手吃这点亏，也是将来“享福”

的基础。

此外，对于工作中由于争端而吃的亏，应坚持吃亏就是占便宜的原则。每个人在工作中都会有不顺心的时候，在这个时候要尽量选择忍让，不惹事端，多考虑同事的感受，多感谢他们平时对自己的帮助，这有助于以后工作的开展。

下　篇

不抱怨

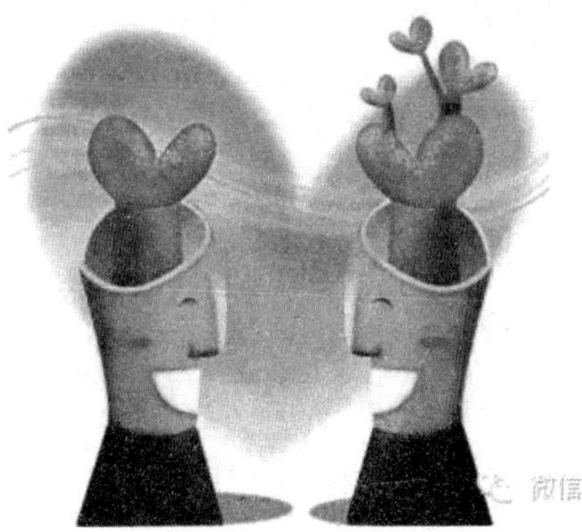

第六章　善待他人，用平常心化解心中的抱怨

别让抱怨影响了你的格局

抱怨，是人们非常常见的一种人际交往的反应。抱怨不会独立地存在于某个特定的人身上，有人际互动，抱怨的行为才有可能出现。也就是说，有抱怨的人，就会有听抱怨的人。每个人都或多或少有过抱怨的时候，抱怨的行为不仅别人有，自己在生活中也会偶有抱怨与不满。

抱怨有用么？大家都知道抱怨没有用，但还是忍不住要抱怨。那么，为什么会产生抱怨呢？我们明知道抱怨没用，为什么还忍不住出声呢？

抱怨分成两种：一种是抱怨别人对自己不公平，从而抱怨别人；另一种是环境不好，抱怨所处的环境。

我们先讨论大环境。我们抱怨过交通拥堵，抱怨过雾霾越来越重，抱怨过世风日下，抱怨过生活艰难。你发现了没有？其实，这些抱怨都是和自己的利益密切相关的。如果跟我们的利益不相关，我们就不会产生抱怨，顶多只是描述事实。例如，我们不会去抱怨某个不

知名国家的政治，也不会抱怨南非的天气太热，因为这些跟我们的关系不大。

当我们批评和指责别人的时候，我们觉得有优越感，觉得自己更加强大。任何抱怨产生时，会有一个前提：我是对的，别人是错的。当我们想抱怨的时候，都希望有人能知道。于是，我们要么说出来让别人听，要么写出来让别人看，这样才会感觉良好。

一旦我们开始抱怨，就会找很多理由来证明我们是对的，别人是错的。这就像我们吵架时一样，总是在搜寻各种鸡毛蒜皮的小事来数落对方的不是。这个时候，我们不会再想到对方的好。就算有人给我们提醒，也会被忽略，正在气头上的我们也不会采纳。

也许你会觉得这么做不太好，但我们每个人内心都渴望那种“好”的感觉，因为在我们心里住着“小我”。我们有时会听有人叹气说：“我真受不了自己了。”其实，就是受不了那个“小我”。我们有时候发脾气，控制不住自己了，那个自己就是那个“小我”。

“小我”的特点就是希望变强大，而抱怨正是“小我”用来壮大自己的手段。抱怨、指责可以让我们有优越感，所以“小我”一旦有机会，就会去抱怨。爱抱怨的人，是因为内心的主导地位已经被“小我”占领了。而我们不得不佩服那些始终不爱抱怨的人，因为他们能很好地控制自己的“小我”。

比如，几个朋友约在餐厅吃饭。结果，点完餐，等了 40 分钟菜还没有上来。其中一个人就不耐烦了，叫来服务员大发脾气，说道：“你们太过分了！居然不给我们上菜，别人来得晚的都已经吃上了！”这就是他的“小我”在起作用了。这还不算完，他说完之后，周围的人要么会给予认同，要么会给予安慰，这些都是“小我”想要得到的。如果“小我”没有占上风，这个朋友应该说：“服务员，你能帮看看怎么回事么？我们的菜到现在一直还没上来。谢谢你!”

说到这里，我们来看看喜欢抱怨的人在言行和心理上还有什么样的特点。

喜欢抱怨的人其实没那么多心眼儿。他们不擅长察言观色。当你在和抱怨的人交流的时候，他们只想着一股脑话都说痛快。于是，他们会把更多的注意力放在要抱怨的对象上，也就会忽略你的感受，他们意识不到你只是出于礼貌在听。

喜欢抱怨的人，承受生活压力的心理能力相对比较弱。他们一遇到挫折困难或遭受不公正待遇，信心就容易受打击。抱怨是他们减缓内心焦虑的主要方式，也可以说，抱怨是他们主动地自我治疗伤痛的一种选择。

但他们并没有想到，由于缺乏必要的自我反省意识，把抱怨的行为固化成为日常习惯，这也会对别人也造成困扰。

总的来说，爱抱怨的人并没有什么心理问题，抱怨只是行为特色。他们的心眼实在，在交流中不会拐弯抹角，想到什么说什么，也没有忌讳。他们之所以找你来抱怨，恰恰是因为他认为你们的关系很亲密，他能对你说这些负面的事。

爱抱怨的人并非都是不明事理之徒，当他们抱怨一些非原则性的问题时，你不置可否，只是耐心倾听，这样做本身就能减少他们的抱怨，而不会增加他们的频率。如果是原则性的问题，那你最好听清楚了，亲密的人有责任为关系负责，看看他们所抱怨的是不是真的因为自己没有做好，没有做到位，忽视了对方对你的期待和对关系的欲求。

每个人都当过别人情绪的容器，自己也对别人抱怨过。所以，不难理解，抱怨是一种带有极强的沟通意愿的行为。人们需要把自己的不满和需求一股脑儿地宣泄出来，以求得别人的明确回应。

爱抱怨的人，有时的确会让人难以忍受，因为你作为听的人也会产生不满的情绪，会被激起不愉快的感受。这就需要相对理智的一方进行自我管理。否则，你内心的不满也被激发出来，双方的交流就无法顺利进行下去，还会引发争吵与互相指责。

知道了本质，如何才能做到不抱怨？其实很简单，就是你去观察你的“小我”。一旦你意识到“小我”的存在，它就会减弱，甚至消失。每次当情绪起来的时候，你就对自己说：“哦，那个‘小我’又跑出来了，我看看它到底想怎样？”

有一位资深会计在一家国外的会计师事务所上班。她平时工作一丝不苟，待人也很得体。但实际上，她经常下班后跟家人抱怨项目多到做不完，总是在加班。而香港那边的同事干活特别敷衍，但工资还高得离谱。这样一来，团队氛围自然不好，老板还总挑刺……

这时，要及时打断她。看从今天开始，我们一起来数一下，看看她要抱怨多少次。当开始数的时候，她反而不怎么抱怨了，其实是因为她意识到了。后来，建议她去发现公司里那些好的地方。半年多后，她说他们公司评价她是公司最乐观和最阳光的。

用平常心化解心中的抱怨

近年来，随着职场生存压力的不断加剧，越来越多的人开始加入到“抱怨大军”的行列中。但是，抱怨能让你摆脱现状吗？

在各个职场论坛上，职场人的不满和抱怨内容称得上是五花八门。“干整整六天，就只休一天”“压力很大”“钱太少”“我要休假”……工作占据了上班族每天大部分的时间，每一天都有来自工作的压力，甚至有的人表示自己时常存在危机感。

在职场意外的聚会场所，白领们牢骚满腹，积怨满天飞。他们动辄抱怨被老板盘剥，替别人卖命、打工，是别人赚钱的工具；或者感叹自己才高八斗、学富五车，可是总得不到老板的赏识，“可惜我这匹千里马，没有遇到识才的伯乐”。

有的抱怨工作乏味，老板冷酷苛刻；有的抱怨工作时间过长，收入明显对不起那么大的工作量；还有的抱怨分配不公平，承诺的提成奖励不兑现；抱怨公司管理制度过严……当然，他们的抱怨不仅仅是一种表现，可怕的是抱怨后面的打工心态。

加班是职场的一个敏感点。面试的时候，很多人都说自己能接受加班，公司也会承诺不会经常加班。可一年下来，有的人却感受了压力，他发现加班就像家常便饭。不仅如此，加班还影响到了生活，波及到自我情绪。有人说：“有时候在家休息，突然一个通知加班的电话就把我叫到公司了。”频繁的加班打乱了我们的生活节奏，让人有苦说不出。

加班诉苦，这在职场中是常有的事。白领们有一个自嘲的段子说："世上最痛苦的事情是什么？加班。还有更痛苦的吗？天天加班。这是最痛苦的吗？不，最最痛苦的是天天加班却没有加班工资。"

那么，有什么办法抗争吗？那就是辞职。要是还想留在职场，你需要有理有据地提意见。如果单纯是发泄对工作的不满，尚可以理解为情绪的宣泄。但如果牵扯到对周围人的攻击，就会破坏办公室的氛围，让同事都对你敬而远之。

如果仅仅是对加班的抱怨，应该有理有据，让老板知道你为加班付出了哪些代价，明白加班不是由工作效率低引起的。不要只是一味抱怨"太累了""不喜欢加班"，这样根本没有说服力。如果有情绪，还不如"加班太频繁了，我觉得很累，想休息一段时间"这样的诉求来得更实际一些。

在消除和调整这些压力和危机感的过程中，职场人一旦无法做到内心的平衡，抱怨就会产生。而当你对工作、上司的抱怨以及由此产生的矛盾积累到无法排解的时候，或许你会发现自己真的成了抱怨不断的职场"祥林嫂"。

有一项调查显示，超过六成职场人表示自己一天的抱怨次数在1~5次，具体比例为65.7%，更有4.8%的职场人表示自己每天抱怨在20次以上。大家抱怨的都与什么方面相关呢？在接受调查的职场人中，抱怨与工作相关的内容达到了80.5%的比例，远远领先于其他方面。排在第二位的是与感情相关，比例仅为29.7%。

在现实世界中，有太多的人虽然受过很好的教育，并且才华横溢，但在公司里却长期得不到提升。为什么呢？主要是因为他们不愿意自我反省，总是埋怨环境，对工作抱怨不休。

工作中时常表现出这样的情况：一项任务交代下来后，如果上司不追问，结果十有八九不了了之；有些事情，如果上级不跟踪落实，就很难有令人满意的反馈。

还有的人面对布置的工作只能大眼瞪小眼，到头来反问上司“怎样做”“这事我不知道啊”。爱抱怨的人很少积极想办法去解决问题，不认为完成工作是自己的责任，却将诉苦和抱怨视为理所当然。

他们在日复一日的抱怨中蹉跎岁月，而技能却没有丝毫长进。更可悲的是，抱怨者始终没有清醒地认识到一个严酷的现实：在竞争日趋激烈的今天，工作机会来之不易。身边那些只知抱怨而不认真工作的人，他们不懂得珍惜自己的工作机会。他们不懂得，丰富的物质报酬是建立在认真工作的基础上的；他们更不懂得，即使薪水微薄，也可以充分利用工作的机会来提高自己的技能。

美国知名牧师威尔·鲍温发起了一项“不抱怨”活动，邀请每位参加者戴上一个特制的紫手环，只要一察觉自己抱怨，就将手环换到另一只手上，以此类推，直到这个手环能持续戴在同一只手上 21 天为止。觉得很难吗？不到一年，全世界就有 80 个国家的 600 万人热情参与了这项运动，学习为自己创造美好的生活，让这个世界充满平静喜乐、活力四射的正面能量。

“不抱怨”活动告诉我们：面对生活的不如意，面对世界上无数让我们生气、抱怨的事情，我们要用一颗积极的心来面对，而且抱怨并不像我们想的那样难以控制。当一件事发生时，我们不必急着去问这件事到底如何，而要先知道自己对这件事的感觉如何。无论遭遇什么样的逆境，都要先停下来，让自己喘一口气，想一想究竟发生了什么事。

每个人都有自己独特的思维和见解，我们不可能主宰环境和他人。所以，我们必须对自己的工作、情感、生活负责。如果一个人把自己的命运、情感交给环境、运气或他人，那么，他时时都有受到伤害和产生怨恨的可能。

一定要记住：为别人的错误生气，那是用别人的错误惩罚自己。生活不会让你事事如意，但它也不会处处跟你作对，妨碍你快乐幸福地生活。只要换一个思路看待同样的问题就行了。

抱怨只能使你肩上的包袱更加沉重，当你把这个包袱从肩上卸下时，你才会发现生活中原来有那么多被自己忽略掉的美好。其实，生活本身就是最大的幸福。

总之，抱怨本是一种致命的病毒，一旦染上，后果非常严重。保持一颗平常心是化解心中抱怨的一剂良药。作为职场人士，凡事要有一颗平常心，这样才能减少不必要的抱怨和牢骚，并让自己更加理智地生活。

戒除不断的抱怨

分享一则关于抱怨的故事。有一个居士去拜访一位禅师，要向他请教如何让自己过得更幸福。出发的时候，天是阴着的。到达寺庙的时候，下起了小雨，居士的衣服上被淋到了几滴。

和禅师见面后，居士一直在抖落身上的雨滴，对于突然变幻的天气耿耿于怀，竟然忘记对禅师要说什么。

禅师说："看起来，这些雨让你很痛苦啊，你这么急着要将他们赶走。”

居士答：“是的，我讨厌下雨，如果天天是晴天该多好啊！”

“嗯，最好还不冷不热，不干不湿。”禅师附和他。

居士开心了起来：“就是就是，如果是这样，那么大家都没有那么多烦恼了。不过，敢问大师，这些雨到底从哪里来的呢？”

“从你的心里来。”禅师镇定地回答。

为什么同样是人，有些人能如禅师般淡定洒脱，而另一些人却连一滴雨都不肯放过？

居士定了定心神，说：“除了下雨，我还有苦恼，就是我一个同事总是污蔑我，说我剽窃他的设计，可是我并没有。”

禅师回答：“那是他的事啊，与你何干？”

居士急了：“怎么没有关系？他说我剽窃他！”

禅师叹了口回答：“这世界上，本就只有三件事，‘我的事’‘他的事’‘老天的事’。下雨是老天的事，剽窃是你同事的事啊！”

“那么我的事呢？”居士问。

“就是画好你的图。”禅师答。

不久，居士传来好消息，污蔑他的人被开除了，他本人也因为设计得奖，事业更上一层楼。

当我们只说困难的时候，我们就是弱者。当我们只专注于解决问题的时候，我们也可以是强者。

电视剧《平凡的世界》里，一心想跳出农村的孙少平为了进城，挤进了煤矿的招工队伍。不巧，因为自己营养不良加上精神紧张，在体检时血压偏高要被刷下来。他既焦急又委屈，不知如何是好，情急之下，打电话给女朋友倾诉，说的是“我太倒霉了，他们太苛刻了”之类的丧气话。

原以为女朋友会安抚自己，比如跟着他一起骂，或者让他干脆放弃回家，但结果出乎意料，女友非但一句都没有安慰，还给了他一句警告：“我以为你在想办法解决了，原来你就是来向我抱怨的？你那些理想和目标呢？就被这个血压给打垮了吗？”

女友的话如当头棒喝，敲醒了混沌中的孙少平。最后，他冷静下来苦思冥想，终于找到了解决的办法。

可见，在强者和弱者之间，我们真的只需要戒除不断的抱怨而已。居士的抱怨看起来很小，仅仅因为对天气不满意，但正因为他这样选择性消极关注的特点，让他无时无刻都可能找到令他抱怨的焦点。别小看这些令他烦恼的细节，虽然小如蝇虫，但足以消耗掉他的勇气和智慧，更有可能让他陷入习惯性的无助和悲哀。

经常抱怨的人，是在自废武功。遇到问题和委屈，我们可以做必要的倾诉和求助，但不要喋喋不休地去重复，因为每重复一次，就相当于是给自己做催眠。长此以往，当问题内化了，就很难真的清除了。

那么，有什么办法，可以改善抱怨的模式呢？

一是选择性积极关注

心理学有个概念，叫做“选择性消极关注”。生活中那些故意忽略身边事物，只把眼睛盯在让自己心生不满的事上的就是这类人，那位居士就是这样的。这样的人，其实只要将心理那个按钮调换一下，换“消极”为“积极”，去做一些刻意练习，就能改变糟糕的状态。

比如，每天用笔将当天遇到的好事记录下来，哪怕只是天空的一朵白云、地铁里的一个空座、朋友的一句问候。

当你聚焦于这些美好的时候，内心就会充满力量，潜意识在得到了积极的暗示以后，就会带领你去遇见更多的美好，直到将你从抱怨的乌云带到积极的阳光下。

二是给自己的抱怨设限

有研究表明，针对一件事情连续抱怨四次以上，事情解决的可能性就会减少一半。所以，当我们遇到困难，需要倾诉的时候，可以在量上面约束自己。当说到三次的时候，要给自己喊停，去想可行的解决办法了。

另外，不要让自己的抱怨“质量太低”。如果你的抱怨充满了抗拒、批评、发泄，那接收方可能会很不舒服，毕竟他并不是你抱怨的对象，而是在想办法帮你排解痛苦。

很多时候，是我们把问题看得太大，导致我们宁愿嘴上去占上风，却腾不出思路去想办法。与其组织长篇大论的抱怨，不如脚踏实地去做事。

三是抱怨也要注重质量

有些人的抱怨是带刺的，他其实是希望对方改变。只要我们存有让对方改变的想法，基本上我们就是在批判对方，也就是告诉对方：你是错的。与其批评对方的言行，不如告诉他，我希望你在哪些方面有改进。

比这种带刺的抱怨更进一步的是含有指责意味的抱怨。比方说，老婆的工资收入比较高的，她回家时常会抱怨工作太辛苦。其实，隐含的意思就是在告诉老公："你真没用，要是你会挣钱，我就不用这么辛苦受这种气了。"这样的抱怨是绝对无效的而且负面的，日积月累就会成为影响婚姻和谐的最大杀手。

还有一种抱怨是希望对方能够理解你，并且给你安慰。但是，你要知道，不是每个人都是很好的聆听者，而且别人没有义务每次都要安抚你。

四是抱怨也可以表达真实感受

自说自话的抱怨最容易引起内耗，对改变现状却于事无补。

比如莲子说："他就是无可救药，我的生活就是这么苦。既然认定自己这么苦了，那抱怨有何用呢?"

如果你的抱怨是剖析自己内心的痛苦和脆弱，愿意实诚地面对并且诉说自己的感受，同时愿意为这个感受负起责任的话，那么对方的反应一定是会同情你、同理你，并且愿意和你心连心的共同面对这个令人伤感的情境。如果真想获得朋友支持，那么不妨换一种方式，做一些有效的提问和沟通。比如，"你觉得我该怎么做，才能过的更轻松一点"，或者"我想我们夫妻关系更好一点，你有什么建议"。

这样的方式很积极，指向也是想做出改变。那么，即使一个朋友无法提供好的建议，在另外的朋友那里，也总能得到启发。

自我调适爱抱怨的方法

抱怨是人的一种自我防卫机制，要完全断绝是很难做到的。如果你觉得自己根本没有办法做到不再抱怨，那么至少应该在抱怨的时候提醒自己，这个抱怨只是暂时的一种情绪宣泄，只能够麻醉心灵，让当下的心情变得好一点，但绝不能让心灵治愈。

生活中常常抱怨的人很多，有的抱怨家人、有的抱怨朋友、有的抱怨上司、有的抱怨同事。当抱怨成了一种习惯，他们甚至连自己一起抱怨。仿佛只要是与人际交往有关的事，都会无一例外地产生抱怨情绪。

他们每天都会因为各种烦心事而抱怨，类似的负面情绪不断积累，使这些抱怨在自己的内心构筑起一个灰暗世界。事实上，这些抱怨不仅会给自己带来伤害，也伤害到身边关心自己的人。在这样抱怨的情绪笼罩下，每个人都无法逃脱。因此，我们要把不满的情绪、抱怨的语言在心中化解，就必须明白，生活中不仅是有痛苦，不如意，不完整，更有幸福和美好。

既然明白抱怨的背后其实是未满足的需求和期待，成熟的人一般不会把别人的抱怨理解为攻击，急着跳出来辩解和反驳。他们知道前来抱怨的人表面上是在说“我讨厌你”“我觉得他有问题”，其实是想说“我希望你……”“我应该比他好吧”。正所谓“听话听音”，聪明人会认真倾听对方的话语，理解抱怨背后那一层意思，找出说话人有什么未满足的需求和期待。

应对抱怨最糟糕的方式是反向抱怨，以抱怨反击抱怨，这样做非但不能止住抱怨，还会激怒对方。比如，丈夫抱怨妻子：“你半夜起来开门关门那么大动静，还让不让人睡觉?”妻子用抱怨反击：“有你每天晚上打鼾动静大吗?”接下来，就进入翻旧账、揭老底的恶性循环当中。

这还不是最糟糕的。有些人在感情上遇到问题时，向朋友抱怨；

和同事关系不好，却向配偶抱怨；和某人有不愉快，却向第三方抱怨。这表面上是说问题、吐苦水，其实是为自己辩解。抱怨的人话里的意思是：“你要知道，这可不是我的问题。”这不仅不能解决问题，还可能制造新的问题。比如，老公会说：“既然你的同事在工作上拖你后腿，我找你们领导去，让他把你们调开。”这样一来，原本简单的两方问题很可能演变成复杂的三角问题。

正确的沟通方式应该是直接去找你要抱怨的对象谈，通过正面沟通，来梳理分歧，消除误会，解决问题。如果遇到朋友来找你抱怨，你也不要大包大揽，而是委婉地告诉他，让他找对方直接谈。聪明人也不要轻易担任调解人、仲裁方，即使是两个小朋友之间的冲突也不要轻易卷入，应该让他们学会自己的问题自己解决。

你还可以离开抱怨的现场，从事情中抽身，以避免争执的升级，这样一来，爱抱怨的人也会自然收敛。经历过几次之后，失去了对你的倾诉欲望，就会另外寻找倾诉对象。

既然抱怨的背后是未满足的需求，那么，为什么抱怨者不直接说出自己的意愿呢？这是因为，抱怨者害怕被拒绝、被攻击、被伤害。

比如，爱抱怨的员工，对待遇不满，认为遭调不公，认为公司没有足够成长机会。他既然如此不满意，为什么还不辞职呢？要么是他没有离开的勇气，要么是他不具备跳槽的能力。他既然那么有理，为什么不直接找部门主管谈，找管事的领导谈？要么没有谈判的口才，要么缺少谈判的底气，心里害怕搞不好会被炒鱿鱼。既然如此，就应该把注意力放在个人能力的提升上，尽可能从目前职业经历中获得成长。等你羽翼丰满，岂不就可以潇洒地坐在老板面前谈谈你的要求，谈得拢就谈，谈不拢你有一手好牌，也不怕。

原来，尖酸的语言背后藏着一个懦弱、胆小的心灵。对抱怨者来说，抱怨就和婴儿哭泣的作用一样。婴儿饿了，尿布湿了，一哭就有人来满足他的需要。抱怨者感到不满、需求没有得到满足时，通过抱怨来传递自己的需求。

婴儿啼哭不止、抱怨者喋喋不休，都让人心烦。但啼哭是没有语言能力的婴儿无助时不得已的选择。抱怨者明明可以做点什么，却像弱小的婴儿一样，委实不该。

在生活中，喜欢抱怨的人往往容易陷入情绪的低谷。抱怨这种负面情绪对工作和生活都有着严重影响。因此，需要从以下几个方面进行及时的自我调适：

一是抛开人生无谓的负担

在生活中，有些东西是可以改变的，有些东西是无法改变的，正如我们不能取代我们的父母、不能改变自己的出身、不能改变固有的缺陷一样。既然它真的不能改变，那么我们为什么不坦然接受呢？

二是量力而行，不要盲目设定目标

在生活中，经常听到有人抱怨生活中有太多的不如意，有太多的压力等。其实，这些都是因为我们在做事情之前，根本没有衡量自己的能力、兴趣和经验，或是因为自负，对自己的评价虚高，最终给自己在生活中的每一个部分设置了一个很高的目标。但是，这些目标不是根据个人发展的实际情况来制定的，而是和他人盲目比较后制定的。所以，每天都在为了完成任务，不得不背负着抱怨去生活，忍受辛苦和疲惫的折磨。

三是养成认真负责的习惯

“不满”和“抱怨”是最常出现的情绪，也是最容易被当做借口来使用的。许多人总是在思考“我应该得到什么”或“领导和公司没有给我什么”，但没有人会及时的自我反思“为了要想从事理想的职业，我还缺乏什么，可能要付出什么，做得是否足够”。抱怨的人总是把责任放在别人身上，看不到自己的错误和缺点。抱怨成了不负责任和不够忠诚的借口。所以，继续下去，他们会在抱怨中失去更多的机会，落在别人后面。而这时就需要养成认真负责的习惯，在生活中，认真负责，抱怨自然就消失了。

有时候，我们自己不抱怨，但还是有人会过来惹我们。他们也是“小我”在起作用，如果我们意识到是他们的“小我”在作祟，内心也依旧很淡定。以前有人误会我或污蔑我，我很气愤，会反驳和解释，现在我不这样了。我现在遇到这种事情，经常淡淡一笑。因为我知道，一定是他们的“小我”在起作用。有人说：“对别人的挑衅不理会，这样是不是太懦弱?”当然不是，反而只有强大的人才能做到。

爱情不要走到互相埋怨那一步

中国人的字典里，和“抱怨”相关的语汇有“怨妇”“怨天尤人”“怨气冲天”等。“怨”是不满的意思，就是说内心的期待没有被满足，对不满意的事归咎于别人或各种客观情况。

抱怨没有指责程度强烈，也不会直接诱发你的攻击性。但是，抱怨者往往心态不佳，遇事心生不满，既不心平气和地说出来，也不在内心平复掉，而是不停地絮絮叨叨、没完没了。尤其在爱情、婚姻这种亲密关系中，你能哄得了一时，可是对方如果一直是这种怨天尤人的状态，迟早有一天，你会绷不住。

“小媳妇”式的抱怨，是反复用语言表达内心的不满，抱怨的人把怨恨的情绪包裹在语言中，绵里藏针。别说他抱怨的对象接受不了，就是与这件事无关的第三人听了，也感觉不痛快，容易被他的负面情绪感染。

那么，为什么有些人要抱怨个没完呢？

一是童年的无助经历

人的心理微妙之处在于，如果你被爱过，你就会学会自爱；被相信过，你就会学会自信；被尊重过，就会学会自尊。而爱抱怨的人，小时候很少受到类似的待遇。

一种是童年追求愿望时受到过打击。有一个非常经典的心理学实验，叫做“习得性无助”。心理学家把狗关进笼子，对它进行电击。刚开始，狗还拼命地想逃脱。但是，随着电击次数增多，狗根本不知道什么时候会被电击，也就无法躲避。最终，狗放弃了努力，变得垂头丧气。这个过程就是狗逐渐得上“习得性无助”的过程。

如果在孩子的童年，抚养他的成人总爱抱怨，习惯打击人，在孩子想要追求愿望的时候，非但不支持，反而处处打击他，无助感就会深深扎在孩子的心底。他就像那只不知危险会从哪里袭来的狗一样，只能蜷缩起身体，用抱怨缓解内心的焦虑，却不敢用力量去争取。

另一种是遇到挫折时的外归因。我们身边有一个普遍的育儿情境，孩子在学走路时跌倒了，身边的家长就会赶紧跑过来，抱起小孩哄道：“宝宝不哭，都怪这个地板把宝宝弄疼了吧，姥姥打地板。”

然后，用脚使劲跺地板。这就是外归因，长期下来，孩子也不认为是自己的问题，面对挫折都会去找别人的原因，从而抱怨个不停。

二是长大后的自我诅咒

人的成长就如开车。开始我们学习的时候，要每个动作都分解做练习，但学会后就变成了一种自动化的习惯。小时候的行为在重复中变成了习惯式、自动化的反应。一旦遇到类似的情境，我们就开启了自动模式。结果，变成了遇到特定情境就开始抱怨，找责任人、替罪羊，然后得出怎么做也没用的结论，最终导致目标真的没实现。这时，他就真的要开始抱怨了。

我们常说夫妻间的关系最亲密。但是，再亲近的人，也有一些底线不能触碰。否则，就会对婚姻造成破坏性伤害。

1. 否定、批评、抨击伴侣

如果婚姻中的一方说：“你怎么到现在才回来？你怎么老是迟到？你说话不算话！”进而又批评对方的品格：“你这个人说话不算话，你不守时，我没有办法信赖你这样的人！”像这类的话，都是批评跟攻击。这样的话肯定会对婚姻造成伤害。

在婚姻中，比愤怒更严重的是轻蔑，因为这是一方侮辱另一方的人格，表达自己打从心底看不起对方。而且在抱怨和争吵时，进攻的一方会挑选对方最脆弱的那方面进行攻击。比如妻子说：“你死到哪里去了？到现在才回来！你这样在外面鬼混都多久了，不是还没升职？我看指望着你升职加薪，得等太阳从西边出来了。”这已经不单纯是抱怨，抱怨本身是就事论事，它还是基于实际的行为和事实在谈论。而当你进入到抨击的时候，你已经准备做人身攻击了。轻蔑的态度和语气已经是瞧不起对方，是对婚姻最根本的破坏。

2. 火力全开

婚姻中的争执和抱怨，说事情是目的，而不是撒泼和辱骂。如果任由负面情绪宣泄，婚姻状态也就会遭受创伤。这是因为，夫妻之间的关系最为密切。亲人朋友之间尚且有一层礼仪和规矩，而夫妻之间如果撕破脸，给予对方的将是血淋淋的伤害。

我们不妨设想这样一个场景。这一天，先生从外头回来了。妻子说："你死到哪里去了？到现在才回来！"

丈夫就回嘴说："你以为我在外头玩哪？要不是你一天到晚乱花钱，我才不需要在公司里头做牛做马。"

妻子又说："要不是你赚钱赚那么少，我至于这么精打细算吗！要不是在家里钱不够用的时候，你还把钱寄给你姐，我们才不会在这里吵架。"

先生说："我告诉你，你没资格说我的家人！"

妻子说："我就知道你是个没有良心的！当初，有那么多的医生追我，我瞎了眼才嫁给你！"

先生说："你想要去嫁那些医生，还不迟啊，你给我滚！"

妻子说："你这个真没有良心的！不是我滚，是你给我滚！"

先生头也不回就走出门口，还用力把门一摔。

这个情境，就是一个战火升高，沟通失败的情境。

3. 负性诠释

举个例子来讲，先生突然笑了一笑。太太急忙问道："你是在嘲笑我吗？"这就是一个标准的负性的诠释。太太刚从外头回来，先生一看，随口问了一句："这件衣服哪里买的？"结果，太太一下就跳起来，说："你自己才乱花钱！"这个例子里头包括了两个杀手。

你想想看，太太为什么会跳起来呢？因为太太以为先生要批评自己乱花钱。所以，她在先生还没有说之前，先下手为强，先攻击先生。其实，先生的行为是中性的，不带有敌意。他只是想表达这件衣服好像没见过，然后再夸夸太太"蛮好看的"。可还没等他讲出来，太太就往坏处想了，认为先生是在抱怨和批评。

了解这些负性诠释有助于你在生活中识别它们，进而好好地解决它们，避免把抱怨带进家庭，影响生活。其实，在幸福、快乐的婚姻里头，也或多或少存在这些问题。只是说，那些快乐的夫妻不会让负面情绪常驻，而是一经发现，立刻把它们从婚姻生活中赶出去。

以德报怨，善待对手

《诗经·卫风》云："投我以木桃，报之以琼瑶。"就是说，你对我好，我对你更好。普通的朋友之间尚且如此，倘若胸怀宽广，对自己的对手也能"投以木桃"，那你的对手也一定会感激涕零，视你为恩人一般。日后定会选择时机报答你，给予你帮助，让你获得更大的成功。

一位名叫卡尔的卖砖商人，由于另一位对手的竞争而陷入困境之中。对方在他的经销区域内定期走访建筑师与承包商，告诉他们卡尔的公司不可靠，砖块不好，生意也即将面临歇业。

卡尔对别人解释说，他并不认为对手会严重伤害到他的生意。但是，这件麻烦事使他心中生出无名之火，真想"用一块砖来敲碎那人肥胖的脑袋作为发泄”。

“有一个星期天早晨，”卡尔说，“牧师布道时的主题是：要施恩给那些故意为难你的人。我把每一个字都吸收下来。就在上个星期五，我的竞争者使我失去了一份25万块砖的订单。但是，牧师教我们要善待对手，而且他举了很多例子来证明他的理论。当天下午，我在安排下周日程表时，发现住在弗吉尼亚州的一位我的顾客，正因为盖一间办公大楼需要一批砖，而所指定的砖的型号不是我们公司制造供应的，却与我竞争对手出售的产品很类似。同时，我也确定那位满嘴胡言的竞争者完全不知道有这笔生意机会。”

卡尔感到为难，是遵从牧师的忠告，给予对手这笔生意的机会，还是按自己的意思去做，让对方永远也得不到这笔生意？

到底该怎样做呢？

卡尔的内心挣扎了一段时间，牧师的忠告一直在他心中。最后，也许是因为很想证实牧师是错的，他拿起电话拨到竞争对手家里。

接电话的正是那个对手本人。当时，他拿着电话，难堪得一句话也说不出来。卡尔还是礼貌地直接告诉他有关弗吉尼亚州的那笔生意。结果，那个对手很感激卡尔。

卡尔说：“我得到了惊人的结果，他不但停止散布有关我的谎言，而且还把他无法处理的一些生意转给我做。”

没有永久的敌人，也没有永久的朋友。对于昔日的对手，打击报复只能为自己埋下更多的祸根，而善待我们的对手，不但能够感化他们，还会为我们自己的事业扫除许多障碍。

以德报怨，善待对手。英国前首相丘吉尔一生都奉行这句话，在用人方面更是如此。丘吉尔作为保守党的一名议员，历来非常敌视工党的政策纲领。但他执政时，却重用了工党领袖艾礼，自由党也有一批人士进入内阁。更令人称道的是，他在保守党内部，对待前首相张伯伦也没有以个人恩怨去处理他们之间的关系。他不计前嫌，很好地团结了众多对手，显示了他宽阔的胸怀和高明的用人之术。

张伯伦在担任英首相期间，曾再三阻碍丘吉尔进入内阁。他们的政见不合，特别是在对外政策上，张伯伦和丘吉尔存在很大的分歧。后来，张伯伦在对政府的信任投票中惨败，社会舆论赞成丘吉尔领导政府。出人意料的是，丘吉尔在组建政府的过程中，坚持让张伯伦担任下院领袖兼枢密院院长。这是因为，他认识到保守党在下院占绝大多数席位，张伯伦是他们的领袖，在自己对他进行了多年的批评和严厉的谴责之后，取张伯伦而代之，会令保守党内许多人感到不愉快。为了国家的最高利益，丘吉尔决定留用张伯伦，以赢得这些人的支持。

后来的事实证明，丘吉尔的决策很英明。当张伯伦意识到自己的绥靖政策给国家带来巨大灾难时，他并没有利用自己在保守党的领袖地位来给昔日的对手丘吉尔找麻烦，而是以反法西斯的大局为重，竭尽全力做好自己的分内之事，对丘吉尔起到了较好的配合作用。

由此可见，如果你能够以一颗宽容的心来公平对待你的对手，善待你的对手，与对手冰释前嫌，就能赢得对手的尊重与友谊，同时也为自己找到了可靠的朋友。

抱怨不如改变

在生活中，你会发现，同样的人在做同样一件事，但因为做事的人看问题的角度不一样，心情就不一样，做事的效率和结果就不一样，各自的生活就显现出完全不同的面貌来。这就是明明工作差不多，收入差不多，人生境遇也大同小异，但每个人的幸福感却不一样的原因。

有一天，小晴因为有事打车，正赶上交通高峰时段。没多久，车子就困在了长长的车龙之中。小晴也很着急，不过想想，这时候出门塞车也实属正常，着急也没有用。这样一想，也就安心了。想来，司机师傅每天都要遇到塞车，一个人在车里一待就是半天，一定很闷啦。于是，小晴便跟司机聊起天来："每天的生意都不错吧?"

"好什么好，累一天，赚的那点钱连养活老婆孩子都不够。你们这些乘客还以为我们黑了你们的钱，动不动就投诉。"

小晴一想，也是。为了让大家都高兴起来，就说："你这车真不错，空间很大，坐起来很舒服。"

"你们这些小女孩，看见有车的帅哥就眼睛放光。可惜，我就是个开车的，车再好、再大，女孩子也不肯多看我一眼的。我当年追女朋友时，花钱买了这辆车。可是，没多久我就发现，这东西方便是方便，可是得喝油啊。油价一天比一天贵，车养不起了，卖又不值钱。所以，我干脆改行当出租车司机了。"接着，他又开始抱怨出租不好干，赚不到钱，乘客素质差，路况太差等。一路上，怨声载道。

一到目的地，小晴飞快地逃下了车，耳根总算清静了。小晴拍拍胸口，长出一口气，希望下次不要遇到这位师傅。

又过了几天，小晴与朋友打车去香山玩。这次，出租车司机是一位中年女人。小晴这次有经验了，一上车就乖乖闭上嘴巴。没想到，司机却主动攀谈起来。跟他们说起自己拉客去香山的一些趣事，逗得小晴和朋友一路笑声不断。

司机还打开收音机，一路上伴随着欢快的歌声。有时候，司机还情不自禁地跟着哼几句。“我唱得不好听，你们别笑话啊。”

小晴笑了，说：“看来你今天心情不错嘛！肯定出门就遇到好事了。”

“哪里，我每天都是这样啊。刮风也好，下雨也好，都影响不了我的心情。”

“为什么，你不会觉得开车很闷吗？听说现在出租车也不太好干。万一遇到不好的顾客怎么办？”小晴想起上次那位出租车司机师傅的抱怨，很好奇。心想，这位大姐要是遇到醉酒的乘客、小气的乘客、为一块钱就打投诉电话什么的乘客，还会开心得起来吗？

中年女人笑了：“难缠不讲理的顾客肯定有，不过，也有好顾客啊。其实，我刚开始开车的时候，也不开心，觉得好无聊，在车里一坐就是十几个小时，真受不了啊！要是遇到难缠的顾客，一天都气得肚子鼓鼓的，哪还开心得起来？不过，很快我就发现一个让自己快乐起来的方法。”

“什么方法？”小晴和朋友异口同声地问。

她说：“换个角度看，就会发现，自己原来是很幸福的。后来我就想，其实我开车，就是客人付钱请我出来玩。像今天一早，我就碰到你们，花钱请我跟你们到香山玩，这不是很好吗？你看，沿途的风光多美，我顺道旅游了一次，而且，你们还要倒付我钱……”她故作神秘地坏笑。

小晴也笑了，说：“还真是这样。还有这好事呢。”

她又继续说：“像前几天，我载一对情侣去湖边看夕阳。他们下车后，我也下车挤在他们旁边看看夕阳才走。反正来都来了嘛，更何况还有人付钱呢！呵呵。”

小晴觉得，和这样的司机同车出游，真是一件幸运的事情。于是，跟这位女司机要了电话，以后再打车就给她打电话。接过她名片的同时，女司机的手机又响了起来，原来有位老客户要坐她的车去机场。

同样是出租车司机，一个做得牢骚满腹，痛苦无比；一个做得快乐优哉，风生水起。你心情不好，顾客看着你也不顺眼，生意自然不会好。你笑脸相迎，顾客看着你也高兴，坐你的车感觉舒服，下次当然更愿意照顾你的生意，生意自然会越来越好。

做其他工作也是一样。如果你习惯于抱怨自己的工作多么枯燥，老板多么苛刻，每天唉声叹气、愁眉苦脸地做事，你还指望老板给你加薪升职吗？

阿雅在一家公司做文员，主要的工作内容就是给客户回复电子邮件。因为客户提出的问题都是大同小异，回复的内容自然也是差不多。所以，公司专门制定了一个模板，只要按照固定的格式填进不同的抬头和时间就可以了。

做了一段时间后，阿雅就对自己的工作感到厌烦了，连小学生都会做的事情，自己大学毕业，读了二十几年书难道就是为了收发邮件吗？这和门口收发室的大爷有什么区别？所以，她整天无精打采的，做事时心不在焉。

后来，她发现另一位和她从事同样工作的同事，每天都做得很开心。她就问："你不觉得这是一件很枯燥的事情吗？"同事说："以前，我也和你一样，用模板给客户回信，没几天就觉得很枯燥。后来，我不再用模板里的内容，而是针对不同的客户回复不同的内容。比如，有的客户最近才结婚了，我就恭喜他早生贵子什么的。让客户通过邮件就能获得好心情，有的客户还会特意发邮件过来感谢我呢。"

不久，这位同事就被提升为主管，因为她与众不同的邮件为公司争取了好几个大客户。

同样的工作，就因为换了一份心情，就从令人厌烦的负担变成了充满乐趣的享受。心情改变，结果就会改变，就是这么神奇。

一个女人带着一个小女孩在百货店里闲逛，她们身上的衣服都很破旧。小女孩儿走到一架立拍得相机前，拉着妈妈的手说："妈妈，我要拍照。"妈妈舍不得花钱，便哄她说："我们的衣服太旧了，拍出的照片肯定不好看。"小女孩歪着小脑袋想了想说："可是，妈妈，我的微笑每天都是崭新的呀！"

听了小女孩的话，深受感动的摄影师免费为她们照了一张相。

生活中的你，是否能像这个小女孩一样，虽然衣衫褴褛，却能每天都给自己以崭新的笑容？抱怨于事无补，反而会放大我们原本的痛苦和烦恼。抱怨不如改变，如果你对自己的现状不满意，那么就得改变自己，改变自己的心情。换一个角度想问题，你会发现，当你抛开抱怨时，原先的那些烦恼和痛苦也跟着淡化了。

古希腊哲学家柏拉图对学生说，自己会移山之术，学生们请求老师教授自己移山之法。柏拉图笑着说："很简单呀，山不过来，我就过去。"柏拉图要告诉学生们这样一个道理，如果你改变不了环境，那就改变自己。你再抱怨，山也不会自己移过来，环境也是如此，不会因你的抱怨就发生变化。事情的结果已经很坏了，你再抱怨，它也不会好起来。改变不了环境，改变不了结果，那就改变你自己的行事方法，改变自己的心情。所以，不要养成抱怨的习惯，而要养成改变的习惯。当现实摆在面前的时候，停止抱怨，通过改变自己来改变现状，这是最好的办法。

第七章　懂得知足，固守自己所拥有的幸福

有一种快乐叫知足

一个人应该懂得知足，从中得到快乐，让自己活得更轻松、更有意义。

知足者常乐，这一成语的意思是说：知道满足，就总是快乐、幸福。也就是说，人们只要安居乐业、丰衣足食，就能无忧无虑，幸福快乐。它告诫人们要安于已经得到的物质、利益、地位等。

我们常常对自己的境遇感到不满，认为自己不如别人。这样一来，我们就会因为各种事情搞得自己心烦意乱，甚至压力重重。这一切都源于我们对生活不知足。

也许，我们觉得自己的职位不高，而去努力工作；也许，我们因为自己的钱太少而去拼命挣钱；也许，我们对自己的住房条件不满意，而去争取过得好一些。也许，当这一切都实现后，又感到不满，继续去努力获得一些更好的东西。当一切结束时，我们会叹息，我们拼搏了一辈子，为了生活过得好一些，可是到最后，我们并没有享受到我们的成就。

知足者常乐，它出自《老子》中的一文：“祸莫大于不知足，咎莫大于欲得，故知足之足，常足矣。”古往今来，不知有多少人恪守这一箴言，一生平平安安、幸福美满；也不知有多少人不以为然，甚至反其道而行之，结果却一生坎坷，多灾多难。“不知足”是人的本性，“知足者常乐”就是针对人的这一“劣根性”所说的。

人的欲望是没有止境的，人们为了追求更高的目标和享受更美好的生活而奔波忙碌、拼搏奋斗这无可厚非。但是，社会和生活所能满足的欲望总是有限的。

在现实生活中，“足”是暂时的，而“不足”却是永恒的。如果一个人时时刻刻以“足”作为目标追求，那他得到的永远是“不足”。反之，如果一个人时时刻刻以“不足”对生活的事实予以理解和接纳，那么他对自己的感受反倒是时时刻刻的“足”。

“足”和“不足”是对立的，但是，也是辩证的。知“不足”，所以，才知“足”；不知“不足”，所以，才不“知足”。“不足”，才可以知足；不知足，便总是“不足”。足不足是物性的，知不知则是人性的。以人性驾驭物性，便是知足；让物性牵制人性，就是不知足。足不足在于物，非人力所为；知不知在于人，非贫富贵贱所左右。

上帝在天庭里闲得无聊，突然想到了一个好玩的主意：“如果让世界上的万物再选择一次，他们想要做什么呢?”于是，他让天使去办这件事情，而天使最后带回来的答案却让上帝大吃一惊。

猫说如果让它再活一次，它要做一只老鼠。它认为自己偷吃主人一条鱼，会被主人打个半死，而老鼠却可以在厨房翻箱倒柜，大吃大喝，人们对它却无可奈何。

老鼠说假如让它再活一次，它要做一只猫。吃皇粮，拿官饷，从生到死由主人供养，时不时还有老鼠给它送鱼送虾，很自在。

猪说假如让它再活一次，它要当一头牛，生活虽然苦点儿，但名声好。而它们似乎是傻瓜懒蛋的象征，连骂人都要说蠢猪。

牛说假如让它再活一次，它愿做一头猪。它认为自己吃的是草，挤的是奶，干的是力气活，有谁给它评过功、发过奖？做猪多快活，吃了睡、睡了吃，肥头大耳，快乐赛过神仙。

在现实生活中，许多人都习惯于把自己和别人相比，却不知道自己也是别人羡慕的对象。

人生最大的烦恼不在自己拥有的太少，而在自己向往的太多。庄子云：“其嗜欲深者，其天机浅。”就是说，一个人的欲望多了，就缺少智慧与灵性。所以，一个人要时刻节制嗜欲，减少思虑，弃除烦躁，杜绝尘劳，省精保神，以平淡的心态对待生活的诱惑和干扰，让自己的灵魂安然于梦。但是，安守平淡，并不是不求进取，也不是无所作为，放弃追求，而是要以一颗平淡的心来对待人生。

人的一生如果对富贵看得淡，富贵就不可以动其心志；对名利看得淡，名利就不可动其心志；对生死看得淡，生死就不会动其心志……像这样的人生，就可以随运而行，因顺而往，随处而得，随遇而安，逍遥自在，时刻欢乐、时刻幸福！

知足是保持淡定的心态

知足是一种境界，知足的人总是微笑着面对生活。在知足者的眼里，一切过分的纷争和索取都显得多余。在他们的天平上，没有比知足更容易求得心理平衡了。不管遇到什么困难和困扰，他们都会为自己寻找合适的台阶，而绝不会庸人自扰。

俄国文豪契诃夫曾说过：“要是火柴在你的衣袋里燃起来了，那你应当高兴，多亏你的衣袋不是火药库。要是有穷亲戚上别墅来找你，那你不要脸色发白，而要喜洋洋地叫道：‘挺好，幸亏来的不是警察！’要是你的手指头扎了一根刺，那你应当高兴，幸亏这根刺不是扎在眼睛里……”幸福的真谛就是要懂得满足。

一天傍晚，虚有禅师在河边散步，看见几个人正在岸边垂钓。禅师无事，就站在旁边观看。这时，其中一位垂钓者竿子一扬，钓上来一条大鱼，足有三尺长，活蹦乱跳的，旁边围观的人都为他齐声欢呼起来。可是，这个钓者却熟练地取下鱼嘴内的钓钩，顺手就将鱼丢进了河里。人群中响起一阵惋惜声，但心里又很佩服这个钓者，这么大的鱼还不能令他满意，可见这是个钓鱼高手。就在众人屏息以待之际，钓者鱼竿又是一扬，这次钓上的是一条两尺长的鱼，钓者又顺手扔进河里。第三次，钓者的鱼竿再次扬起，钓线末端钩着一条不到半尺长的小鱼。围观的人群发出一声失望的叹息，有人心想，早知如此，第一次就不应该丢掉那条大鱼。不料，这次钓者却将鱼小心解下，放进鱼篓。围观的人百思不得其解，就问他为何舍大而取小？

钓者回答道：“因为我家最大的盘子还不到一尺长。”

看到此，禅师深有感触地说：“世人皆求大不求小。其实，适合自己的才是最好的。”

对钓者而言，他可以给自己买一个更大的盘子，他也可以把鱼切断烹制。所以，在旁观者看来，这个钓者其实是很傻的。但我们都忘了一个重要的问题，就是我们肚子的容量是一定的，钓者只要半尺长的小鱼，岂止是因为盘子不够大？而是因为钓者要的是那一份内心的知足啊。

作家史铁生曾写道：

生病的经验是一步步懂得满足。发烧了，才知道不发烧的日子多么清爽。咳嗽了，才体会到不咳嗽的嗓子多么安详。刚坐上轮椅时，我老想，不能直立行走岂不把人的特点搞丢了？便觉天昏地暗，等又生出褥疮，一连数日只能歪七扭八地躺着，才看见端坐的日子其实多么晴朗。后来又患尿毒症，经常昏昏然不能思想，就更加怀恋起往日时光。终于醒悟：其实每时每刻我们健康地活着都是幸运的。

只有失去健康的人，才知道有健康是多么幸福，活着有多么幸运。可是，现代人却常常忽略自己所拥有的一切，反而因为自己住的房子没有别人的大而感到不知足，因为自己的衣服不是名牌而感到不平衡，因为自己赚得不够多而感到不开心。

一对贫穷的老夫妻决定将家里的一匹马拉到集市上卖掉，换一点生活用品。于是，老头子便牵着马去赶集了，他将马换了一头母牛，这样他和老婆子就有牛奶喝了。后来，他看到羊，觉得喝羊奶还可以剪羊毛也不错，就用母牛换下这只羊。后来，他又看到卖鹅的，想着鹅蛋比羊奶更有用，便用羊换了一只鹅。接着，又用鹅换了一只母鸡。最后，又用母鸡换了一袋烂苹果……

当他扛着袋子来到一家小酒店歇脚时，遇上了两个商人。在闲聊中，老人谈到了自己赶集的收获。两个商人听后哈哈大笑，他们一致地认为，老头子回到家准得挨老婆子的一顿数落。可老头子却十分坚定地认为，绝对不会发生这种事情。商人就与他打赌，如果他回家没有被老婆责罚，就送给他一袋金币。于是，三个人一起回到老头子家中。

老太婆见老头子回来了，非常高兴："老头子，今天收获一定很多吧！快告诉我，你都买回什么东西了！"于是，老头兴奋地讲述自己这一天的"奇遇"。每当听到老头讲到用一种东西换了另一种东西时，她竟然十分激动地予以肯定："哦，我们有牛奶了！""羊奶也同样好喝！""哦，感恩节我们有肥鹅吃了！""哦，我们有鸡蛋吃了！"诸如此类。最后听到老头子背回一袋已开始腐烂的苹果时，她大声说："我们今晚就可以吃到苹果酱了！"说完，不由地搂起老头子，深情地吻着他的额头……当然，他们还得到了商人的一袋子金币。

你看，原来，快乐的心也能生出金子。快乐就是我们最大的财富，为一头牛、一只羊，或者一只鸡、一堆烂苹果而伤神，实在是不值得的事情。更何况，一头牛虽然换回了一堆苹果，但苹果可以做成苹果酱，一样有香甜的滋味。生活要幸福，其实很简单，知足就好，有一颗知足的心就能拥有幸福的生活。

当然，我们说的知足，并不是要求我们安贫乐道，每个人都有自己的追求，知足并非就是要我们放弃追求，安于现状，而是对自己的现状保持淡定心态。

幸福就藏在人的心里

每一个人都是幸福的，只是我们常常以为自己的幸福是在别处，于是，我们到处去寻找它。直到失去的时候，我们才惊觉，幸福原来不在别处，就在自己的身边，幸福原本就藏在我们的心里。

据说，很久以前，上帝在造人的时候，与诸神开了一个会议。上帝说：“我想要赋予人们快乐和幸福。可是，我又怕他们不珍惜，所以不想让他们轻易就得到。你们想想，应该把快乐和幸福藏在哪里好呢？让他们既不能永远找不到，也不能太轻易就到手。”

诸神开始各抒已见。有的说：“藏到海底，这样人肯定很难发现。”有的说：“要不，把它们埋在土里，人肯定想不到。”不过，上帝对这些方案都不满意。

最后，一位天使说：“我想，还是把幸福快乐的秘诀藏在人们的心里吧。人类总是习惯到外界去寻找幸福，肯定想不到，幸福的秘诀就在自己身上。”

就这样，上帝就把幸福和快乐的秘诀藏在了每个人的心里。

我们经常用来与幸福搭配的动词是“追求”，有很多人一辈子都在“追”“求”着幸福。可是，幸福偏偏在和我们藏猫猫。小时候，你以为长大了，工作了，有钱了，你就可以买到你喜欢的东西了，而不是向爸爸妈妈哭着喊着讨要；长大了，工作了，小时候想要的东西你再也不想买了，你又有了新的追求。哦，名牌、名车、洋房？能得到这一切，我就会有自己的幸福了。于是，你辞职、下海、经商，终于得到了这一切。但你还不满足，和别人相比，你有的这点东西实在算不了什么。看那些有钱人，哪个身边不是美女如云？糟糠之妻怎么看和自己也不搭配，如果能够与一位美丽的女子共度人生，那一定很幸福。可是，等结了婚你才发现，生活不总是浪漫，那些美女也和凡人一样，除了一副面皮，实在好不到哪里去。你们又开始为如何分配财产打得乌烟瘴气……其实，幸福不在于你得到了什么，幸福是你对生活的感受状态，感受的好与坏就在一念之间，因为幸福就藏在自己的心里。

一位女士去看心理医生，因为她整日茶饭不思，夜夜失眠，身体消瘦得厉害，但是各种检查显示她的身体一切正常，没有什么疾病。心理医生看她情绪不好，知道这些都是心理抑郁的症状。于是，问她："你是不是觉得生活很痛苦?"

这位女士像遇到了知音一样，开始喋喋不休地向心理医生诉说自己的种种苦恼，其实都是一些鸡毛蒜皮的家庭琐事。比如，对门的邻居见面没主动和她打招呼，真是没礼貌；楼上的邻居每天晚上总是走来走去，发出很大的声响，真是没素质；一个本来关系不错的同事居然在背后说自己的坏话；老板总是说要给自己加薪，可总是没动静……她说，生活真是没有意思，处处都不顺心。

心理医生边听她说边记，等她说完，又问她："老公对你好吗?"

女士脸上有了笑容，说："老公很疼爱我，我们结婚 6 年了，他从来没有对我说过一句重话。"

心理医生微笑着点点头，又问："那你有孩子吗?"

一说到儿子，女人满脸笑容："我儿子今年 4 岁了，聪明活泼。"

"你看，你明明还有这么多开心的事，老公、孩子才是你最重要的，你难道一直没有发现吗? 生活不是十全十美的，不能因为有一点不如意，就彻底否定了你的幸福啊!"

明明幸福就在自己的身边，可是我们偏偏把我们这一生最得意的东西给忘了、忽略了。明明有爱自己的老公，却和邻居的不礼貌较劲。明明有可爱的孩子，却和公司的同事较劲。我们总以为，如果我们不顺心的事情解决了，我们就幸福了。我们遇到不开心时，不妨让自己做几道选择题。比如，一位女士认为自己的孩子学习成绩不好，每天逼着孩子学习。但孩子成绩就是上不去，她觉得自己非常不开心。有一天，孩子的一句话令她彻悟。孩子说：“如果我死了，你是不是就不再为我的学习成绩感到痛苦了？”这位妈妈突然想到，假如自己真的把孩子逼死了，怎么办？只要孩子健康、快乐，学习成绩有那么重要吗？这样一想，这个妈妈每天都觉得很幸福。

在浮躁的现代社会中，我们习惯把幸福具体化、物质化。我们打着“追求幸福”的幌子去追求财富，追求完美的爱情，追求成功。其实，幸福不在别处，幸福源自内心。它不是神赐予的，也不是邻居、同事、上司给予的，更不会被任何人抢走。幸福与不幸福只在于自己知足与不知足的心中。

开心地过好每一天

艾佛烈德·德索萨曾经说过：“去爱吧，像从来没有受过伤一样；跳舞吧，像没有人欣赏一样；唱歌吧，像没有任何人聆听一样；工作吧，像不需要钱一样；生活吧，像今天是末日一样。”艾佛烈德·德索萨意在告诉我们，幸福不在过去，也不在未来，而在当下。

17 世纪的法国科学家兼思想家巴斯葛在他的《沉思者》一文中说：“我们向来不曾把握现在；不是沉湎了过去，就是殷盼着未来；不是拼命设法抓住已经如风的往事，就是觉得时光的脚步太慢，拼命设法使未来早点到来。我们实在太傻，竟然留恋于并不属于我们的时光，而忽视唯一真正属于我们的此刻。”此刻，就是当下。佛经里将“当下”视为最小的时间单位——1 分钟有 60 秒，1 秒钟有 60 个刹那，1 刹那有 60 个当下。当把时间切到很小的单位时，当下就是永恒。

有一天，云门禅师将他所有的弟子聚到一块儿，对大家说："15日以前的事暂且不问你们了，15日以后的情况怎么样，请每人简单地阐述一下。"

弟子们你看我，我看你，都不知如何应答。于是，云门禅师这样开悟他的弟子说："日日是好日。"

"日日是好日"是说日子过得好与不好，不是绝对的，常常是一个人的心境和认识角度问题。宋代无门慧开禅师有诗云："春有百花秋有月，夏有凉风冬有雪。若无闲事挂心头，便是人间好时节。"他说的也是"日日是好日"的道理。

幸福不在明天，也不在昨天，而在当下。也许，今天我们只能取得百分之一的幸福。但只要抓住这小小的百分之一，忽略那百分之九十九的不如意，就能获得百分之百的幸福感受。反之，如果你拥有了别人眼中那百分之九十九的幸福，却只计较于百分之一的缺憾，你的幸福感也只能是零。

如果你手中端的是一杯酒，就享受酒的醇香；如果你手中端的是一杯茶，就享受茶的清香；如果你手中只有一杯水，就品尝水的清淡。这就是你当下的幸福。

我们总是寄希望于未来。试问，谁能担保，今天不笑的人明天就一定还能笑得出来？人生只有一次，幸福的时间也是有限的，幸福来临时，我们不去好好珍惜它，那么就将错过它。

美国有一位老妇人，在她54岁那年，丈夫因病去世。这已经是人生不可承受之痛，没想到更大的打击接连而至。先是子女为遗产问题闹得不可开交，接着是丈夫生前经营的那家加油站宣告破产。她不得不卖掉房产和所有值钱的家当来抵偿债务。

她从年轻时就依靠丈夫生活，一直都顺风顺水，头上连半点雨滴都不曾淋到过。现在，所有的人生不幸都一起找上门来，由她一人承担。想到如今已经一无所有，而自己也即将步入老年，她不知道余生将如何度过。一想到贫穷、寂寞的余生，她就更加痛苦，整日以泪洗面。最后，她生了病，不得不住进医院。

医生了解了她的情况后，对她说："你的病情很严重，需要住院。"

"不，我没有钱住院。"

医生可怜她，和她商量，她的病并不影响工作，所以，她可以一边在医院做清洁工，一边进行治疗。

从这一天开始，她成了病房的清洁人员。有了事情做，她心里反而好过一些，反正已经这样子了，大不了就是等死吧，想太多也没用。每天，她看着病人来了又走，走了又来，不断地有病人在痛苦的煎熬中离开人世。她猛然惊醒，比起这些即将死去和已经死去的人，还有什么比活着更好的呢？自己才 54 岁，还能活很久，还可以工作……

她做了 3 年清洁工，对病人的心理了如指掌。于是，医院重金聘请她给病人做心理辅导。她 76 岁时，已经拥有这家医院 51% 的股份了。在她的办公室的墙上有这么一句话："昨天的痛已经承受过了，还有必要反复兑现吗？明天的痛尚未到来，有必要提前结算吗？"

过去是记忆，未来是想象，真正的、真实的幸福是现在。明天是否幸福那是明天的事，今天有诸多的不如意，那也不妨碍你享受当下。

两个女孩在照镜子。一个说："唉，我真美，可是没有人赏识我，那些不如我的人都成了明星!”另一个女孩子说:“哇,我真漂亮,公园里的紫丁香盛开了,我要去拍一套写真纪念。最好,路上能遇到一个星探,让我去演一个皇妃那就更棒了。”你不是明星,但对于你的美丽没有丝毫影响,更不影响你享受当下的小幸福,不是吗?“活在当下”是最愉快、最安稳、最科学的一种幸福方法。

一天,一位粉丝拿着自己的画作去向画家柯罗请教。柯罗如实地指出了画中的几个缺点。粉丝说:“非常感谢您的指点,我明天就按您的指点改好它。”柯罗说:“为什么不是今天呢?假如明天你就死了呢?”

试想一下,如果明天你就要死掉,或死于一场地震,或死于一场车祸,那你今天会怎么办?尽量把自己置身于死亡的情境中,不要给自己任何侥幸,也不要说这只是一个想象。闭上眼睛好好想一想。想想近几年发生的几次天灾,想象自己就是其中一个蒙难者,你希望在临死前如何度过这最后一天?你还会为昨天错过的一段恋情而难过,因为银行存款的数字位数太少而忧心吗?

是的,只有把每一天当作生命的最后一天来过,你才会珍惜每一天中的每一分、每一秒,你才会善待自己和身边的每一个人。

妻子刚去世不久,老公在整理妻子的遗物时,发现一条崭新的丝巾,那是他们去杭州旅游时,在一家品牌店买的。那是一条漂亮的花色丝巾,从买回来妻子就从来没有戴过,连商品标签都原封不动地挂在上面。妻子一直舍不得戴,她想等到一个特别的日子才戴上它。可是,那个所谓的特别日子从来就没有来过。而她,如今再也没有机会戴上这条美丽的丝巾了。

我们都不相信自己会马上死掉,以为还有大把的时间。可是,死神说来就来，很少能和你预约。死神来临的时候，我们往往连后悔的时间都没有。不管我们在生前是富有还是贫穷，是开心还是痛苦，死掉的时候，什么都带不走，什么感觉都不再有。“人活着，钱却没了；人死了，钱却没花完。”哪个更让人郁闷？有人说前者，因为人死了什么感觉也没有了，说不上痛苦或不痛苦。有人说是后者，因为替死者想，辛苦一辈子，舍不得吃，舍不得穿，人死了钱就只是一堆废纸。其实，有没有钱，花没花完都不是问题，把钱和幸福等同起来才是最大的问题。

有没有钱，都没有关系，钱花没花完，也没有关系，关键是，在你死前的那一分钟、一秒钟里，你是快乐的、幸福的。

不要过度追求完美

世界上从来没有完美的人，也没有完美的艺术品和完美的结局。人生必然是有缺憾的。我们可以无限接近完美，却不能苛求完美。尽自己最大努力，能把事情做到七分好就做七分，能做到九分好就做九分，不要因为不完美而烦恼。

有人说，完美是上帝进化人类的诱饵，它是永远让人眺望而无法达到的目标。所以，完美只存在于人的想象中。幸福不是“完美主义”，追求十全十美，会使自己陷入自己设计的人生牢笼里不能自拔，也许幸福感就在人们那不能实现的“幸福”追求中慢慢消失了。

2004 年的法国网球公开赛上，女选手维纳斯·威廉姆斯取得了 17 场连胜的骄人战绩。她对记者发表胜利感言：“我还不够努力：有时候，我获胜心切；有时候，我求胜心又不够强。有时候，我不遵从教练指导；有时候，我不服从自己的安排。我讨厌在任何事情上出错，不仅是球场上。”

从这段话可以看出，维纳斯·威廉姆斯是一个完美主义者。凡事追求完美是她赢得这场比赛的一个重要因素。但我们可以想象威廉姆斯在说这番话的时候，她真的开心吗？也许，那时她正在为自己的成功而感到骄傲，为打败对手，赢得全世界的注目而感到得意。可是，我们没有从这段话中捕捉到一点幸福的信息。追求完美让威廉姆斯成功，但也让她时时处在面对失败的恐惧中。因为完美主义者不容许自己有丝毫错误和失败，一旦失败，他们就会焦躁、恐惧，感觉全世界的人都在轻视自己、嘲笑自己。虽然追求完美才是威廉姆斯达成目标的动力，但为什么不是以“追求比赛的快乐”为动力、为什么不是以“我喜欢网球这项运动”为动力、为什么不是以“我喜欢挑战的过程，而不是结果”为动力呢？这些动力仍然会帮助我们达成目标，也会让我们更加快乐。

完美主义者太在意每一个细节上的完美，只要有一个细节做得不够好，他们就会对自己的工作失望，甚至毁掉自己的作品。有一个女孩喜欢写作，可是经常因为一个不够完美的开头、一段中间稍嫌生硬的段落而扔掉一打稿纸。她一直告诉自己：“等我30岁时，一定能写出完美的作品!”“等我60岁时，一定会写出完美的小说!”事实上，她可能永远写不出来，但她可以写出80分的作品、90分的作品。其实，完美主义者常常因为期望太高，反而变成懒惰主义者。

著名学者、编剧、导演阿拉斯戴儿·克莱尔在外人眼中近乎完美。他是牛津大学的著名学者，一个优秀的编剧和导演，并获得了许多国际电影奖项。但他却在自己的电视片《龙的心》获得艾美奖的前夕，扑向一辆疾驰的火车……克莱尔的前妻说："他曾经赢得过许多比艾美奖还要重要的奖项，但没有一个能使他满意。"

如果拉斯戴儿·克莱尔知道自己将要赢得艾美奖，他的人生会不会有所不同呢？其实，不管他是否能赢得艾美奖，这个男人都不会真正地开心起来。因为完美主义者永远会盯着自己不够完美的部分，并为此而苦恼和自卑。加拿大不列颠哥伦比亚大学心理学家保罗·休伊特说："人们往往忽略了完美主义者脆弱的一面，譬如沮丧、厌食和自杀。"拉斯戴儿·克莱尔就是一个最好的案例。

完美主义者往往为了一个缺口而否定已经取得的成绩，就如一个美女因为脸上长了一个雀斑就彻底否定了自己的美丽一样，不是很荒唐、很可笑吗？在那些看起来好像"什么都拥有"但却不幸福的人身上，经常可以看到这种情况。每个人都有追求完美的自由，但是，过度追求完美，即便做得非常出色，还是会因为一点小瑕疵而如刺在喉，或者为此感到不安。

有个渔夫从大海里捞到一颗晶莹圆润的大珍珠，但是美中不足的是，这颗珍珠上有一个小黑点。渔夫想，如果能把小黑点去掉，这颗珍珠不就变成无价之宝了吗？可是渔夫剥掉一层，黑点仍在，再剥一层，黑点还在，一层层剥到最后，黑点没有了，珍珠也变成珍珠粉了。风一吹，连珍珠粉也没有了。

瑕不掩瑜，没有人能达到百分之百的完美。每个人都是一颗有瑕疵的珍珠，有黑点的珍珠不见得不美丽。但我们却常常因为那个小黑点而耿耿于怀，以至于最后珍珠也失掉了。追求完美的人生本身并没有错，错就错在很多人追求完美时，把原本到手的幸福也失掉了。

有人曾经问一位走红的国际女影星是否觉得自己长得很完美。她说："不，我长得并不完美。我觉得正因为长相上的某些缺陷才让观众更能接受我。"接受不完美的自己，接受不完美的生活，甚至喜欢自己的小缺点，这样的人才会感到真正的幸福。有这样一个童话故事：

一个圆不小心丢了一个小碎片，边缘有了一个小小的豁口。它要找回一个完整的自己，于是便踏上了找寻碎片的路途。因为它不够圆，所以滚动得非常慢。它一边滚一边欣赏沿途美丽的鲜花，和路上的虫子们聊天，向小鸟们问好，在阳光的怀抱中尽情呼吸。终于，它找到了自己的碎片，变回了一个完美的圆。然而，作为一个完美无缺的圆，它滚动得太快了，以至于看不清路边的花草，来不及和虫子、小鸟们打招呼，甚至也不能停下来享受片刻的阳光。

原来，有缺憾的人生才是幸福的。于是，圆扔掉了历尽千辛万苦才找回的碎片。又变回有缺口的圆。这时，它又看见了鲜花，又能和小虫子、小鸟们聊天了。阳光暖暖地照耀着它，它感到幸福极了。

圆的故事告诉我们：正是不完美，才令我们更幸福。不幸失去行走能力的史铁生，在轮椅上获得了写作的灵感，写下了《我与地坛》等不朽之作。完美不是上天用来捕捉你的错误的陷阱，有瑕疵，并不代表你就是不幸福的人。

如果你不能接受生命的不完美，你也就没有资格获得完美的人生。因为"完美"本身就包含"缺陷""错误""否定""失败"等这些不完美的字眼儿。只有接受生命的不完美，为生命能继续运转而心存感激，才能成就"完美"的生活。

幸福跟金钱无关

幸福只与我们自己的心有关，不要以为幸福等于金钱，不要以为幸福就是香车宝马、功名利禄，不要以为幸福就是随心所欲，要什么有什么，更不要以为有钱了幸福就会来到你身边。如果你因为没有钱而感到不幸福，那么有钱的你同样不会幸福。

科学家们发现，幸福与金钱之间有个临界线。在临界线之间，金钱和快乐是成正比的，钱越多幸福指数越高；而过了临界线，金钱和快乐是成反比的。享受生活，未必要等你挣够了 100 万。幸福诚然需要一定的经济条件作为基础，但并不代表越有钱越幸福，很多有钱人并不幸福。一般而言，月收入 5000 元的人要比月收入 1000 元的人快乐，而月收入 5000 万元的人却不一定比月收入 1000 万元的人快乐。其实，不管有钱没钱，我们的每一天都可以过得有滋有味。甚至，只要你愿意，即使身上只有一元钱，你也会比千万富翁更幸福。

有一个女士在博客上回忆自己年轻时和老公每天只吃清水挂面的时光，那时候觉得每天都是满心的幸福。但随着钱越赚越多，老公却再也没有时间回来陪她吃饭，一桌子精心烹制的饭菜常常放到凉，只好倒掉。她觉得以前吃面条的日子真是幸福。这时，她才明白，幸福和钱的多少没有太大关系。

有的人一生拼命挣钱，以为赚够了钱就能买到幸福。于是，疲于奔命地天天从早忙到晚。可是，钱却好像永远都不够买到你想要的幸福。这时，你若叫他停下来，他又想：我再努力一下，赚一把大的，幸福或许就来了。也有的人似乎明白了，既然想要的幸福永远不会属于自己，抓不住幸福就抓住钱吧！这是很多人失去幸福后的正常反应。

有一个富翁，一日开车出去在路上发生了车祸，他的车被撞毁了。

“哎呀！我的奔驰啊，就这么撞毁了！”他号啕大哭道。

有一个路人说：“车毁了算什么，看看你的胳膊吧！”富翁这才发现，自己的胳膊撞断了。于是，他又大哭起来：“哎呀！我的劳力士呀！”

不惜用自由和生命为代价去换取财富的蠢事每天都在上演，以杀人为代价抢劫的不过是一款新型手机、一根项链、一只手表等，这样的事更是屡见不鲜。这些人和那个不哭自己失去的胳膊的人有区别吗？

有个勤俭而吝啬的男人省吃俭用，直到晚年才攒下了 100 万美元。他觉得自己积累的财富已经足够多了，便决定从这些储蓄中拿出一小部分，买一间大房子，让自己安度晚年。可是，他的计划还没有付诸行动，就到上帝那里去报到了。

他见到了上帝，希望上帝能够多给他一些时间。至少，让他在那间大屋子里住上一天也好。于是，他贿赂上帝说：“如果你能让我再多活 3 天，我愿意献出我所有财产的三分之一。”上帝说：“3 天时间太长了，如果人人都可以用金钱来购买生命，那生命就太不值钱了。”

男人说：“好吧，我愿意用我所有的积蓄换 1 天的生命。”上帝还是摇了摇头，再多的金钱也买不来 1 天的生命，因为生命实在太宝贵了。

最后，男人只好无奈地说：“那么，请给我 1 分钟的时间吧！让我给后人留句话。”上帝同意了。

他留下来的话是：“生命是最宝贵的，再多的财富也买不来1天的生命。”

不管有多少钱，如果不懂得在有生之年去享受它，再多的钱也没有任何意义。或者说，活着，就是最大的幸福。活一天，就要享受一天的幸福。

是的，我们要珍惜活着的每一天，不要说“等我有了钱将如何如何”之类的话。你的幸福，跟金钱无关，与任何物质与非物质的东西都无关。只要你活着，就是幸福。没有什么东西能与活着相比，没有什么东西能比“幸福”本身更重要。如果你觉得有钱才有幸福，那你可能永远得不到幸福。这就像你认为的，有了钱才可以买到生命一样，是很荒谬的。

适合自己才是快乐幸福的日子

怎样生活才是最幸福的生活？答案很简单，只要是最适合自己的，便是最好的、最幸福的。你羡慕别人的财富，别人也许正在羡慕你的悠闲。你羡慕别人的妻子美丽如花，别人也许正在羡慕你们的如胶似漆。不必羡慕别人的美丽花园，你自有你的田园。

许多时候，我们往往对自己的幸福熟视无睹，却羡慕着别人的幸福。在你羡慕别人的时候，别人也正用羡慕的目光看着你。其实，在这个世界上，每个人都有属于自己的位置，有自己的生活方式，有属于自己的幸福。安心享受自己的生活，享受自己的幸福，才是快乐之道。

河的南岸住着一个和尚，河的北岸住着一个农夫。和尚每天看农夫日出而作、日落而息，生活很有意思，令他非常羡慕：不像自己这样每天除了诵经就是敲钟。而农夫呢，看到和尚每天都是无忧无虑地诵经、敲钟，不用像自己这样面朝黄土背朝天，令他非常向往。

如果能够换一下位置，过一过那样的生活，该有多好。

有一天，他们在桥上相遇，互相说了自己对对方的羡慕之情。于是，二人决定互换身份，农夫变成和尚，而和尚则变成农夫。于是，农夫来到庙里念起了经，和尚来到农夫家里种起了地。

不过，好日子没过两天，农夫发现，和尚的日子一点也不好过，那种诵经、敲钟的工作看起来很悠闲，事实上每天重复着单调而烦琐的步骤，枯燥而乏味。于是，他怀念当农夫时的生活。种田虽然辛苦，但是每天都有收获，还能和其他农夫一起唱歌聊天。更重要的是，家里还有妻子儿女，虽然不免吵吵闹闹，但乐趣无穷。他异常怀念当农夫时的快乐时光。

而做了农夫的和尚，重返尘世后，痛苦比农夫还要多。面对俗世的烦扰、辛劳与困惑，他非常怀念当和尚的日子。当和尚虽然枯燥，但清心寡欲，没有那么多烦恼。敲完了钟、念完了经，没事吹吹风、赏赏月，人生自有一番清雅乐趣。于是，他每天坐在岸边，羡慕地看着对岸步履缓慢的师兄弟，静静地聆听彼岸传来的诵经声。

这时，他们才明白，从前的日子才是最适合自己的。于是，他们又换回了属于自己的身份，过起了快乐幸福的日子。这时候，和尚看农夫，觉得别人的日子虽然有滋有味，但吵吵闹闹的，哪像自己这样悠闲自在。农夫看和尚，虽然悠闲自在，但枯燥乏味，哪像自己这般有滋有味。

每个人都有自己存在的价值，你也许羡慕别人的生活比你快乐，你也许认为别人的日子过得比你有趣，然而，别人的生活再好、再有趣，也未必就适合你。

有一个女孩，高考失利没能考上大学，被安排在村小学教书。几天后，因为家长反映她讲不清数学题，只好走下讲台，离开学校。这是村子里唯一最体面的工作，她连到手的机会都失去，像自己这么笨的人还能干成什么事？她难过得直哭。妈妈为她擦干眼泪，安慰她说："满肚子的东西，有人倒得出来，有人倒不出来，没有必要为这个伤心，也许有更适合你的事等着你去做。"

女孩只好跟着伙伴南下打工。先后做过纺织工、市场管理员、会计，但都因为能力不济而没能坚持下去。女孩每次沮丧地回家，母亲总是安慰她："没关系，你只是没找到自己的位置。"30 岁时，她凭一点语言天赋，做了聋哑学校的辅导员。后来，她又开办了一家残障学校。再后来，她在许多城市开办了残障人用品连锁店。这时的她，已是一位拥有几千万资产的老板了。

"我相信你，总有一天会出息的。"母亲笑着说。她有些怀疑地说："我觉得，这都是因为我运气好。我失败了那么多次，干什么都不行，要不是运气好，哪里会有今天。"母亲却说："你不过是找到了适合自己的那片天地。"

生活中，我们在选择专业、工作、生活方式的时候都会面对这样一个问题——什么是最好的呢？其实，这个世界上根本就没有最好的，只要找到了最适合你的，就是找到了最好的。适合自己的生活才是最幸福的。

李同大学毕业就开了一家家政服务公司。几年后，公司已经初见规模。可是，令大家不解的是，才貌俱佳、经济实力雄厚的他，却找了一个长相普通的女孩。但李同说，现在的妻子很适合自己，自己过得很幸福。李同说，结婚前，自己把所有的心思都扑在工作上，饿了就随便泡碗方便面吃。时间一长，得了严重的胃病。自从认识妻子后，妻子每天都针对他的身体情况给他调理。不到一年，他的胃病就被控制住了。李同说："我是一个工作起来就忘了一切的人，只有像妻子这样的女人才适合我。不像以前交过的一个女朋友，天天不到下班电话就催过来了，不是要我陪她逛街，就是说哪里新开了餐馆，让我带她去吃。这让我不胜其烦。现在的妻子虽然不是最好的，但却是最适合我的。"

每个人都有自己的缺点和优点：有的人粗心，有的人细心；有的人喜欢做家务，有的人不喜欢；有的人喜欢吃甜的，有的喜欢吃辣的；有的人喜欢工作，有的人喜欢游玩；有的人好动，有的人好静。我们必须明白，自己是什么样的人，哪种伴侣最适合自己，哪种工作最适合自己的特长，哪种生活方式更适合自己的个性。弄明白了这些，即使你选择的不是最好的，但也一定是最适合自己的。

多一些感恩，少一些抱怨

如果我们时时能用感恩的心来看待这个世界，就会觉得这个世界充满爱，充满幸福。我们生活在这个世界上，哪怕是路边的一棵小草，也是值得我们感恩的，因为它们覆盖大地，参与着光合作用；甚至给我们一点赏心悦目的绿色，也是值得我们感恩的。我们应该感恩所有，包括一草一木。

美国前总统罗斯福在没做总统之前，有一次家中被盗。一位朋友听说后，写了一封信安慰他。不久，朋友收到罗斯福的回信，信中说："我要感谢上帝：第一，贼偷去的是我的财物，而没有伤及我的性命；第二，贼只是偷了我的部分财物，而不是全部；第三，最值得庆幸的是，做贼的是他而不是我。"面对家中失窃的损失，罗斯福不但没有怒气冲冲或者心疼财物，反倒找出了三条值得感恩的理由。这就是罗斯福之所以成为总统的原因吧。

一位哲人说："世界上最大的悲剧和不幸就是一个人大言不惭地说：'没有人给过我任何东西。'"只要你还活在这个世界上，就意味着你正在享受很多人提供给你的服务。如果你身体健康，没有疾病，饿的时候有食物吃、渴的时候有水喝、困的时候有床睡觉、冷的时候有衣服可以穿，你几乎就没有任何可抱怨的借口，因为你已经是一个非常幸福的人了。如果你仍然认为自己一无所有，或者不够幸福，这是你没有学会感恩和满足的缘故。

在一次学术报告会上，一位女记者问霍金："霍金先生，卢伽雷氏症已将你永远固定在轮椅上，你不认为命运让你失去了太多吗?"

"我的手还能活动；我的大脑还能思维；我有终生追求的理想；我有爱我和我爱着的亲人与朋友；对了，我还有一颗感恩的心……"

霍金用自己仅有的一根还能活动的手指，在键盘上敲下了这段话。

这也正是霍金能够以高度残疾的身体创造世界科学奇迹的原因。感恩的心，让他不再以怨恨的心看待世界，不再以自怜的眼睛看待自己，而是在感恩中汲取力量，从而战胜身体极限，获得了伟大的成就。

生活给予每个人的都不会太少，只要你好好珍惜，并不断用心血去打造，你就能拥有生命的芬芳，你就能拥有骄人的成绩，你就能拥有幸福的生活。

想想看，与霍金相比，我们拥有的实在太多了。生活中，值得我们感恩的实在是太多了。可是，偏偏正是那些拥有得太多的人，抱怨最多、感恩最少。

感恩节这一天，一个小男孩早早就醒了，但他没有起床——他不愿惊醒疲倦的父母。其实，男孩的父母早就醒了，只是一贫如洗的他们已经没有能力在这个早上，为孩子准备任何节日礼物，甚至连一顿像样的早餐都没有。

当然，最好的办法就是放下那点可怜的尊严，到慈善机构去申请救助，这样他们就能得到一只火鸡给孩子过节了。母亲终于忍无可忍了，她向父亲大声嚷道："你怎么就不能像别人那样去慈善机构走一趟呢？你不去也行，但你少在我面前耍威风。"

为了孩子，父亲应该放下尊严去讨一只火鸡回来。正当他要出门的时候，突然听到门外传来一阵敲门声。男孩跑去打开门，只见门外站着一个高大的男子。他满脸笑容，手里提着一个篮子，里面火鸡、罐头应有尽有。

男人很有礼貌地说："这些东西，是一位好心人要我送来的。他希望你们知道，在这个世界上，还有人在关怀并深爱着你们。"男孩的父亲极力推辞这份厚礼，男人却说："不要推辞了，我只不过是个跑腿的而已。"说完，把篮子挎在了小男孩的臂弯里，面带微笑地轻声说："祝你们感恩节快乐！"

大概让这个好心的男人更想不到的是，这个小小的善举，不但让一家可怜的人过上了感恩节，也改变了这个小男孩的一生。

这个小男孩无论在多么艰苦贫穷的环境里，都以一颗感恩的心善待他人，希望以自己的能力来回馈社会的赠予。18 岁那年的感恩节，他用自己微薄的收入买了许多食物给两户极贫穷的家庭送过去。当男孩把别人的关怀化作感恩的行动时，上帝的祝福也满满地装进他的生命。这个男孩就是全球著名的心理励志专家、世界第一成功导师——安东尼·罗宾。一些世界著名职业球队、企业总裁、皇室的家庭成员、国家元首——美国前总统布什、克林顿，南非前总统曼德拉、苏联领导人戈尔巴乔夫等都曾得到过他的帮助。

不管多不幸的人，只要生活在这个世界上，都要心怀感恩。因为活着本身，就是一件值得感恩的事。每天早晨睁开双眼，我们就应该庆幸，真好，我还活着；起床，真好，我还可以站起来；上班，真好，我还没有失业。看，生活本身就是一件值得感恩的事。如果你已经失业了，而且今天生病了，起不来床，那至少，你还活着。如果你马上就要死了，至少，这个世界你温柔地来过。感恩，会让你没有遗憾。